Pablo Sanchis Kilders

Ana Díaz Rubio

Jorge Parra Gómez

Teoría de circuitos eléctricos: problemas resueltos

Universitat Politècnica de València

Colección *Académica* http://tiny.cc/edUPV_aca

Para referenciar esta publicación utilice la siguiente cita:
Sanchis Kilders, Pablo; Díaz Rubio, Ana y Parra Gómez, Jorge (2025). *Teoría de circuitos eléctricos: problemas resueltos.* edUPV

© 2025, edUPV (Editorial Universitat Politècnica de València)
Venta: www.lalibreria.upv.es / Ref.: 0636_03_01_01

ISBN: 978-84-1396-370-9
Depósito Legal: V-4343-2025

Imprime: Byprint Percom, S. L.

Si el lector detecta algún error en el libro o bien quiere contactar con los autores, puede enviar un correo a edicion@editorial.upv.es

edUPV se compromete con la ecoimpresión y utiliza papeles de proveedores que cumplen con los estándares de sostenibilidad medioambiental https://editorialupv.webs.upv.es/compromiso-medioambiental/

Impreso en España

Índice general

Introducción y contexto

Esta publicación ofrece una colección exhaustiva de problemas y cuestiones, orientada a estudiantes que inician su formación en el análisis de circuitos eléctricos. La selección de problemas y el nivel de dificultad están diseñados para facilitar la comprensión progresiva de conceptos fundamentales y técnicas de análisis, haciendo de este libro una referencia didáctica ideal para cursos de ingeniería.

El contenido se organiza en cinco capítulos clave:

1. **Conceptos fundamentales en DC**: se exploran las bases del análisis de circuitos en corriente continua, cubriendo leyes esenciales como las de Ohm y Kirchhoff, así como métodos para el cálculo de tensiones y corrientes en configuraciones básicas.

2. **Análisis de circuitos en DC**: se profundiza en técnicas avanzadas de resolución de circuitos en corriente continua, incluyendo el uso de mallas y la aplicación de teoremas fundamentales como Thévenin y Norton.

3. **Condensadores y bobinas**: se abordan las propiedades de los elementos reactivos en circuitos de corriente continua y su comportamiento en transitorios, proporcionando una base sólida para el análisis de circuitos en corriente alterna.

4. **Conceptos fundamentales en AC**: se introduce el análisis de circuitos en corriente alterna, incluyendo la representación fasorial de tensiones y corrientes, así como el concepto de impedancia compleja.

5. **Análisis de circuitos en AC**: se aplican métodos avanzados para la resolución de circuitos en régimen sinusoidal permanente, abarcando el uso de fasores, potencias complejas y resonancia en circuitos RLC.

Gracias a su enfoque progresivo y detallado, esta obra es altamente recomendable para estudiantes de ingeniería interesados en consolidar sus conocimientos en teoría de circuitos, sirviendo tanto como material de estudio autodidacta como de apoyo en entornos académicos formales. El estudiante puede ampliar los contenidos de este libro mediante la consulta de bibliografía complementaria.

Los autores quieren expresar su más sincero agradecimiento a José Miguel Fuster Escuder, Héctor Esteban González y Carlos Hernández Franco por su inestimable contribución en la elaboración de algunos de los problemas presentados en este libro. Este trabajo no habría sido posible sin su valiosa colaboración.

Capítulo 1

Conceptos fundamentales en DC

Descripción y objetivos de los problemas

En este capítulo se introducen los principios esenciales del análisis de circuitos en corriente continua, estableciendo los cimientos para comprender el comportamiento eléctrico básico. Se abordan los conceptos de tensión eléctrica, corriente eléctrica, resistencia y potencia. Para ello se introduce la ley de Ohm, que relaciona estas magnitudes de forma directa y las leyes Kirchhoff para corrientes y tensiones. A través ejercicios prácticos, se explora cómo estas variables interactúan en un circuito eléctrico.

Los **problemas del 1 al 4** están centrados en el análisis de circuitos básicos en corriente continua, en los cuales se aplican las leyes de Ohm y Kirchhoff para el cálculo de corrientes, tensiones y potencias. Estos ejercicios permiten al lector familiarizarse con configuraciones elementales de resistencias y fuentes de tensión, y su resolución promueve una comprensión sólida del comportamiento de los circuitos en régimen permanente.

Los **problemas del 5 al 9** introducen el concepto de potencia eléctrica y su distribución en los elementos del circuito. En estos ejercicios, se abordan tanto la potencia disipada en resistencias como la entregada o absorbida por generadores, haciendo énfasis en la conservación de la energía. A través de ejemplos progresivos, se lleva al lector a verificar que la suma de potencias entregadas y absorbidas en un circuito cerrado es siempre cero.

Los **problemas 10 y 11** están centrados en el cálculo de la de la resistencia equivalente entre dos puntos en múltiples configuraciones de resistencias. Estos ejercicios son clave para progresar hacia el análisis de circuitos más complejos.

Finalmente, el **problema 12** integra, en una configuración más compleja, el uso de fuentes de corriente, análisis por nodos, y métodos combinados para el cálculo de corrientes parciales y tensiones de nodo.

Estos ejercicios fomentan una visión completa y rigurosa de los fundamentos de los circuitos eléctricos, preparando al lector para abordar situaciones más sofisticadas en capítulos posteriores.

Problema 1. Se pide:

a) Considere el siguiente circuito y calcule el valor de la corriente I:

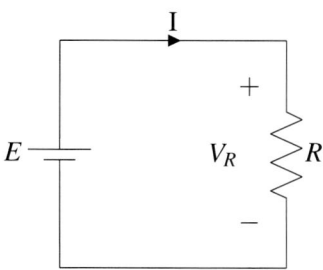

Datos:

$$E = 6 \text{ V}, R = 3 \text{ }\Omega$$

b) Considere ahora el siguiente circuito y calcule el valor de la corriente I:

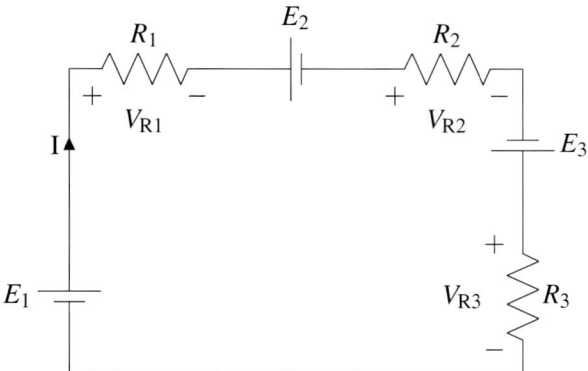

Datos:

$$E_1 = 6 \text{ V}, E_2 = 4 \text{ V}, E_3 = -5 \text{ V}, R_1 = 2 \text{ }\Omega, R_2 = 5 \text{ }\Omega, R_3 = 3 \text{ }\Omega$$

3

Solución

a) El valor de la corriente I lo obtenemos aplicando la Ley de Ohm sobre la resistencia R, es decir, $I = V_R/R$. Aplicando la Ley de Kirchhoff de tensiones (LKT) observamos que $V_R = E$. Por lo tanto:

$$I = \frac{E}{R} = \frac{6}{3} = 2 \text{ A}$$

b) Al tener una sola malla, el valor de la corriente I lo podemos obtener aplicando la LKT. En el circuito se ha definido que la corriente I circula en sentido horario, por tanto:

$$-E_1 + V_{R_1} + E_2 + V_{R_2} - E_3 + V_{R_3} = 0$$

Aplicando la Ley de Ohm en cada resistencia, podemos reescribir la expresión anterior como:

$$-E_1 + I \cdot R_1 + E_2 + I \cdot R_2 - E_3 + I \cdot R_3 = 0$$

De esta forma, podemos despejar el valor de la corriente I, quedando:

$$I = \frac{E_1 - E_2 + E_3}{R_1 + R_2 + R_3} = \frac{-3}{10} \text{ A}$$

NOTA: el signo negativo de la corriente I significa que la corriente circula en dirección opuesta a la definición del circuito.

Problema 2. Se pide:

a) Considere el siguiente circuito y calcule los valores de las tensiones V_A, V_B y V_C:

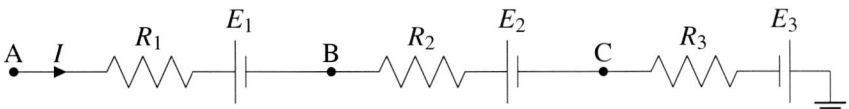

Datos:

$$I = 0{,}5 \text{ A}, E_1 = 6 \text{ V}, E_2 = 3 \text{ V}, E_3 = 4 \text{ V}, R_1 = 2 \text{ }\Omega, R_2 = 5 \text{ }\Omega, R_3 = 3 \text{ }\Omega$$

b) Considere ahora el siguiente circuito y calcule el valor de la fuente de tensión E_2:

Datos:

$$I = 2 \text{ A}, V_A = -6 \text{ V}, E_1 = 4 \text{ V}, R = 5 \text{ }\Omega$$

c) Considere ahora el siguiente circuito y calcule el valor de la tensión V_{AB} y la corriente I:

Datos:

$$V_A = -3 \text{ V}, V_B = -8 \text{ V}, E_1 = 2 \text{ V}, E_2 = 1 \text{ V}, E_3 = 4 \text{ V}, R_1 = 3 \text{ }\Omega, R_2 = 2 \text{ }\Omega$$

Solución

a) Los valores de tensión que se piden están referenciados a tierra, es decir, se ha de obtener la suma de las tensiones de los elementos que existen desde los puntos A, B y C hasta tierra. De esta forma, por comodidad, en primer lugar calculamos la tensión V_C:

$$V_C = I \cdot R_3 - E_3 = 0{,}5 \cdot 3 - 3 = -2{,}5 \text{ V}$$

A continuación obtenemos V_B:

$$V_B = I \cdot R_2 + E_2 + V_C = 0{,}5 \cdot 2 + 3 - 2{,}5 = 3 \text{ V}$$

Por último, calculamos V_A:

$$V_A = I \cdot R_1 + E_1 + V_B = 0{,}5 \cdot 2 + 6 + 3 = 10 \text{ V}$$

b) El valor de E_2 puede obtenerse a partir de la LKT asumiendo que el circuito forma una malla entre el punto A y tierra, es decir:

$$V_A = E_1 + I \cdot R - E_2 \rightarrow E_2 = E_1 + I \cdot R - V_A = 4 + 2 \cdot 5 - (-6) = 20 \text{ V}$$

c) El valor de V_{AB} se calcula a partir de la definición de diferencia de tensión, es decir:

$$V_{AB} = V_A - V_B = -3 - (-8) = 5 \text{ V}$$

El valor de la corriente I lo podemos obtener a partir de la LKT y aplicando la Ley de Ohm asumiendo que el circuito está cerrado entre los puntos A y B, es decir:

$$V_{AB} = -E_1 + I \cdot R_1 + E_2 + I \cdot R_2 - E_3$$

$$I = \frac{V_{AB} + E_1 - E_2 + E_3}{R_1 + R_2} = \frac{10}{5} = 2 \text{ A}$$

Problema 3. Considere el siguiente circuito y calcule los valores de las corrientes I_1 e I_2 y de la resistencia R_1:

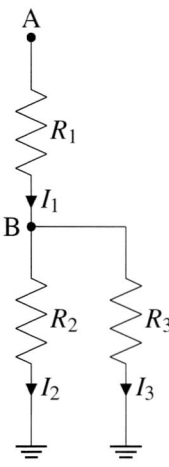

Datos:

$$I_3 = 2 \text{ A}, V_A = 23 \text{ V}, R_2 = 1 \text{ }\Omega, R_3 = 1{,}5 \text{ }\Omega$$

Solución

El valor de V_B lo podemos obtener a través de la tensión que cae en R_3 como:

$$V_B = I_3 \cdot R_3 = 3 \text{ V}$$

De ahí podemos obtener I_2, ya que $V_B = I_2 \cdot R_2$:

$$I_2 = \frac{V_B}{R_2} = \frac{3}{1} = 3 \text{ A}$$

Por otro lado, el valor de I_1 se puede obtener aplicando la Ley de Kirchhoff de corrientes (LKC), es decir, $I_1 = I_2 + I_3$. De esta forma, $I_1 = 3 + 2 = 5$ A. A partir de estos datos, y teniendo en cuenta que $V_{R_1} = V_{AB} = 23 - 3 = 20$ V, es posible obtener el valor de R_1 utilizando la Ley de Ohm:

$$R_1 = \frac{V_{R_1}}{I_1} = \frac{20}{5} = 4 \text{ }\Omega$$

Problema 4. Se pide:

a) Considere el siguiente circuito y calcule los valores de la corriente I y de la potencia disipada en R_1:

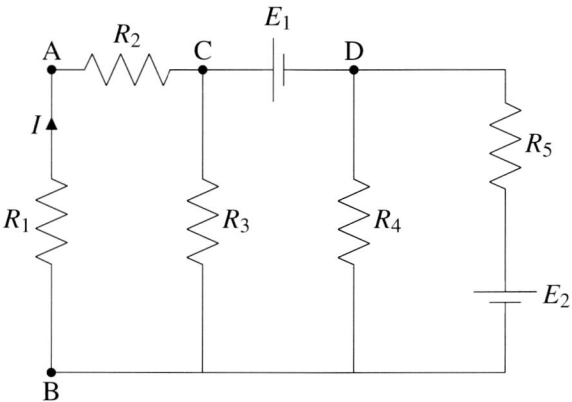

Datos:

$$V_{AB} = 1 \text{ V}, E_1 = 5 \text{ V}, E_2 = 2 \text{ V},$$
$$R_1 = 2 \text{ k}\Omega, R_2 = 4 \text{ k}\Omega, R_3 = 3 \text{ k}\Omega, R_4 = 2 \text{ k}\Omega, R_5 = 8 \text{ k}\Omega$$

b) Considere ahora el siguiente circuito y calcule el valor de la potencia en cada generador:

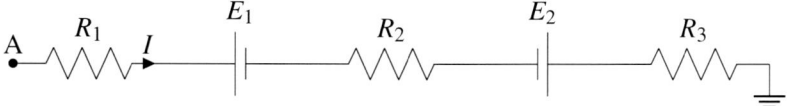

Datos:

$$V_A = -5 \text{ V}, E_1 = 2 \text{ V}, E_2 = 10 \text{ V}, R_1 = 2 \text{ }\Omega, R_2 = 3 \text{ }\Omega, R_3 = 1 \text{ }\Omega,$$

Solución

a) El valor de la corriente I se obtiene a través de la Ley de Ohm, teniendo en cuenta que $V_{R_1} = -V_{AB}$. Por tanto:

$$I = I_1 = \frac{V_{R_1}}{R_1} = \frac{-1}{2 \cdot 10^3} = -0{,}5 \text{ mA}$$

Por otro lado, la potencia disipada por R_1 puede obtenerse de tres formas diferentes:

$$P_{R_1} = V_{R_1} \cdot I = (-1) \cdot (-0{,}5 \cdot 10^{-3}) = 0{,}5 \text{ mW}$$

$$P_{R_1} = I^2 R_1 = (-0{,}5 \cdot 10^{-3})^2 \cdot 2 \cdot 10^3 = 0{,}5 \text{ mW}$$

$$P_{R_1} = \frac{V_{R_1}^2}{R_1} = \frac{(-1)^2}{2 \cdot 10^3} = 0{,}5 \text{ mW}$$

b) Para obtener la potencia generada por cada fuente de tensión, primero es necesario calcular el valor de la corriente I. Para ello se emplean la LKT y la Ley de Ohm considerando que el circuito está cerrado entre el punto A y tierra:

$$V_A = I \cdot R_1 + E_1 + I \cdot R_2 - E_2 + I \cdot R_3 \rightarrow I = \frac{V_A - E_1 + E_2}{R_1 + R_2 + R_3} = \frac{-5 - 2 + 10}{2 + 3 + 1} = 0{,}5 \text{ A}$$

De esta forma, la potencia en cada generador es:

$$P_{E_1} = E_1 \cdot I = 2 \cdot 0{,}5 = 1 \text{ W (Absorbida)}$$

$$P_{E_2} = -E_2 \cdot I = -10 \cdot 0{,}5 = -5 \text{ W (Entregada)}$$

Problema 5. Considere el siguiente circuito y calcule el valor de la potencia en cada uno de los elementos del circuito, así como el rendimiento de R_L:

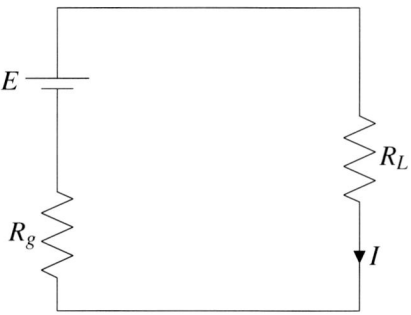

Datos:

$$E = 10 \text{ V}, R_g = 20 \text{ } \Omega, R_L = 20 \text{ } \Omega$$

Solución

En primer lugar, calculamos el valor de la corriente I a partir de la siguiente igualdad:

$$E = I \cdot R_L + I \cdot R_g \rightarrow I = \frac{E}{R_1 + R_2} = \frac{10}{20 + 20} = 0{,}25 \text{ A}$$

A continuación podemos obtener la potencia en cada elemento como:

$$P_E = -E \cdot I = -10 \cdot 0{,}25 = -2{,}5 \text{ W (Entregada)}$$
$$P_{R_L} = I^2 \cdot R_L = 0{,}25^2 \cdot 20 = 1{,}25 \text{ W (Absorbida)}$$
$$P_{R_g} = I^2 \cdot R_g = 0{,}25^2 \cdot 20 = 1{,}25 \text{ W (Absorbida)}$$

El rendimiento, η, se define como la relación entre la potencia real consumida por la resistencia con respecto a la potencia ideal máxima que podría consumir, es decir, la potencia entregada por la fuente:

$$\eta = \frac{P_{R_L}}{P_E} = \frac{1{,}25}{2{,}5} = 0{,}5 \text{ } (50\%)$$

Problema 6. Se pide:

a) Considere el siguiente circuito y calcule los valores de las tensión V_{AB}, V_A y V_B:

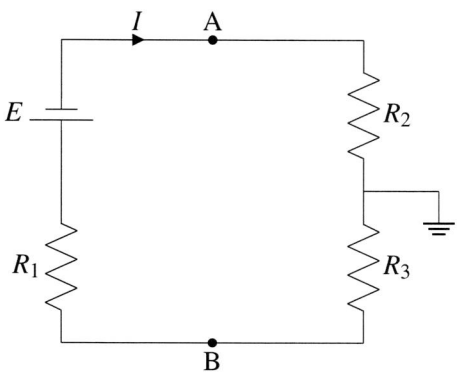

Datos:

$$E = 3 \text{ V}, R_1 = R_2 = R_3 = 1 \text{ } \Omega$$

b) Considere ahora el siguiente circuito y calcule el valor de la tensión V_A:

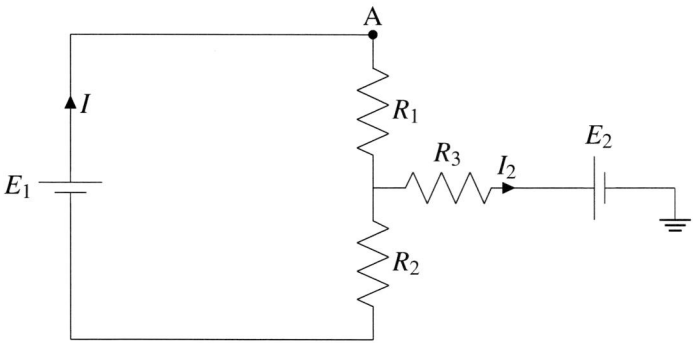

Datos:

$$E_1 = 2 \text{ V}, E_2 = 0,5 \text{ V}, R_1 = 1 \text{ } \Omega, R_2 = 3 \text{ } \Omega, R_3 = 5 \text{ } \Omega$$

Solución

a) La tensión V_{AB} puede obtenerse a partir de la definición de diferencia de tensión como $V_{AB} = V_A - V_B$. Por otro lado, las tensiones V_A y V_B corresponden a la suma de los elementos desde los puntos A y B, respectivamente, hasta tierra. Es decir, $V_A = I \cdot R_2$ y $V_B = -I \cdot R_3$. Por tanto, primero debe calcularse el valor de la corriente I. Para ello podemos utilizar la LKT y la Ley de Ohm:

$$-E = I \cdot R_1 + I \cdot R_2 + I \cdot R_3 \rightarrow I = \frac{-E}{R_1 + R_2 + R_3} = \frac{-3}{1+1+1} = -1 \text{ A}$$

A continuación, pueden calcularse los valores de V_A, V_B y V_{AB}:

$$V_A = I \cdot R_2 = -1 \cdot 1 = -1 \text{ V}$$

$$V_B = -I \cdot R_3 = -(-1) \cdot 1 = 1 \text{ V}$$

$$V_{AB} = V_A - V_B = -1 - 1 = -2 \text{ V}$$

b) El valor de la tensión V_A se calcula como la suma de tensiones de los elementos que existen desde el punto A hasta tierra, es decir:

$$V_A = I \cdot R_1 + I_2 \cdot R_3 + E_2$$

Por tanto, necesitaremos calcular los valores de las corrientes I e I_2. El valor de I_2 puede obtenerse a partir de la LKC:

$$I = I + I_2 \rightarrow I_2 = 0$$

Mientras que el valor de la corriente I lo calculamos utilizando la LKT y la Ley de Ohm sobre la malla que forma E_2, R_1 y R_2:

$$E_2 = I \cdot R_1 + I \cdot R_2 \rightarrow I = \frac{E}{R_1 + R_2} = \frac{2}{1+3} = 0{,}5 \text{ A}$$

De esta forma $V_A = 0{,}5 \cdot 1 + 0 \cdot 5 + 0{,}5 = 1$ V.

Problema 7. Considere el siguiente circuito:

a) Encuentre V_A de tres formas distintas.

b) Compruebe el teorema de conservación de la energía.

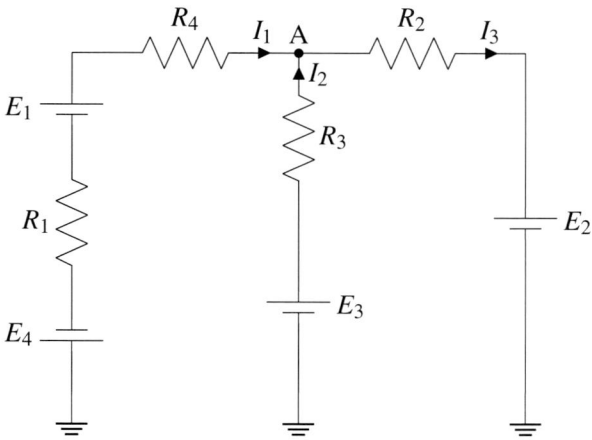

Datos:

$$I_1 = 1 \text{ A}, I_2 = 1 \text{ A}, I_3 = 2 \text{ A},$$
$$E_1 = 10 \text{ V}, E_2 = 2 \text{ V}, E_3 = 6 \text{ V}, E_4 = 2 \text{ V},$$
$$R_1 = R_2 = 1 \ \Omega, R_3 = 2 \ \Omega, R_4 = 3 \ \Omega$$

Solución

a) El valor de V_A puede obtenerse a partir de las tres ramas a las que está conectado el nodo A, las cuales están en paralelo, utilizando la LKT y la Ley de Ohm.

Primera forma (Rama I_1):

$$V_A = -I_1(R_1 + R_4) + E_1 - E_4$$
$$V_A = -1(1+3) + 10 - 2 = 4 \text{ V}$$

Segunda forma (Rama I_2):
$$V_A = -I_2 R_3 + E_3$$
$$V_A = -12 + 6 = 4 \text{ V}$$

13

Tercera forma (Rama I_3):
$$V_A = I_3 R_2 + E_2$$
$$V_A = 21 + 2 = 4 \text{ V}$$

b) El teorema de conservación de la energía dice que la suma de las potencias entregadas y absorbidas del circuito es cero. Por ello, en primer lugar se calcula la potencia en cada elemento y discriminamos por su signo si es absorbida $(+)$ o entregada $(-)$.

$$P_{R_1} = I_1^2 \cdot R_1 = 1^2 \cdot 1 = 1 \text{ W (Absorbida)}$$
$$P_{R_2} = I_3^2 \cdot R_2 = 2^2 \cdot 1 = 4 \text{ W (Absorbida)}$$
$$P_{R_3} = I_2^2 \cdot R_3 = 1^2 \cdot 2 = 2 \text{ W (Absorbida)}$$
$$P_{R_4} = I_1^2 \cdot R_4 = 1^2 \cdot 3 = 3 \text{ W (Absorbida)}$$

$$P_{E_1} = -E_1 \cdot I_1 = -10 \cdot 1 = -10 \text{ W (Entregada)}$$
$$P_{E_2} = E_2 \cdot I_3 = 2 \cdot 2 = 4 \text{ W (Absorbida)}$$
$$P_{E_3} = -E_3 \cdot I_2 = -6 \cdot 1 = -6 \text{ W (Entregada)}$$
$$P_{E_4} = E_4 \cdot I_1 = 2 \cdot 1 = 2 \text{ W (Absorbida)}$$

Como resultado tenemos que $\sum P_{\text{absorbida}} = 16$ W y $\sum P_{\text{entregada}} = -16$ W y por tanto, $\sum P_{\text{absorbida}} + \sum P_{\text{entregada}} = 0$.

Problema 8. Considere el siguiente circuito y calcule el valor de la tensión V_I y las corrientes I_{R2} y I_{E1}

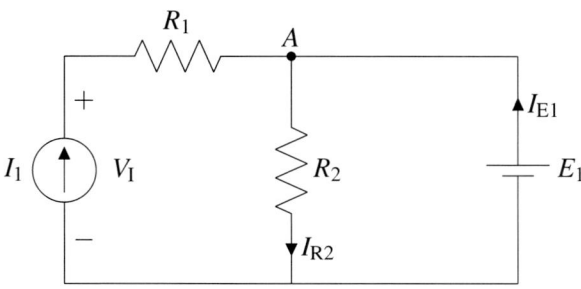

Datos: $I_1 = 2\,\text{A}, R_1 = 5\,\Omega, R_2 = 2\,\Omega, E_1 = 12\,\text{V}$

Solución

Dado que el generador E_1 se encuentra en paralelo con la resistencia R_2

$$E_1 = I_{R2} \cdot R_2 \longrightarrow I_{R2} = 6\text{A}$$

Analizando las corrientes entrantes y salientes en el nodo A

$$I_1 + I_{E1} = I_{R2} \longrightarrow I_{E1} = 4\text{A}$$

Finalmente, analizando las caídas de tensión en la malla externa

$$E_1 = -I_1 R_1 + V_I \longrightarrow V_I = 22\text{V}$$

Problema 9. Verifique el teorema de conservación de la energía

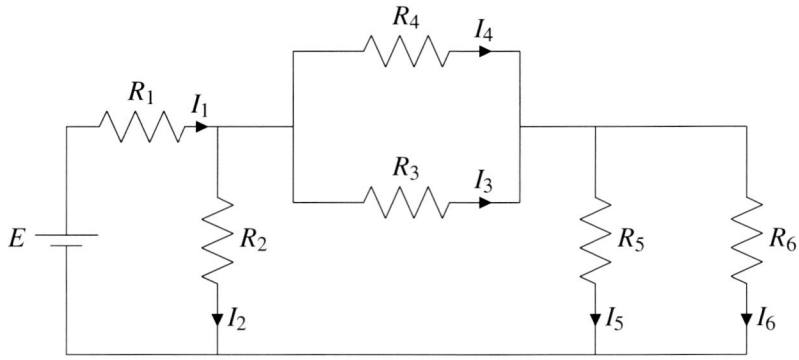

Datos: $R_1 = 5\,\Omega, R_2 = 20\,\Omega, R_3 = 10\,\Omega, R_4 = 10\,\Omega, R_5 = 30\,\Omega, R_6 = 30\,\Omega, E = 15\,\text{V}$

Solución

Agrupamos resistencias para simplificar el problema.

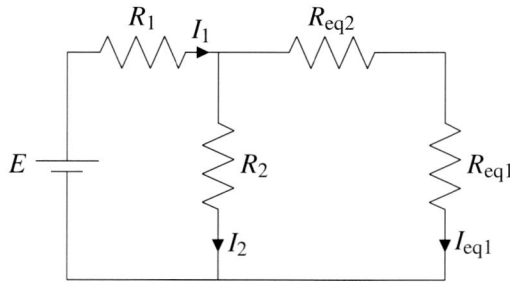

$$R_{\text{eq1}} = R_5 || R_6 = 15\Omega$$
$$R_{\text{eq2}} = R_4 || R_3 = 5\Omega$$

Aplicando la fórmula del divisor de corriente sabemos que $I_2 = I_1/2$. Agrupamos el resto de resistencias.

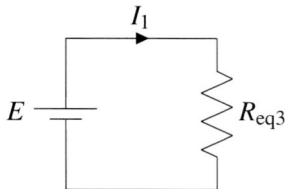

$$R_{\text{eq}3} = (R_{\text{eq}1} + R_{\text{eq}2})||R_2 = 15\Omega$$

Del circuito simplificado podemos calcular el valor de la corriente que sale del generador

$$I_1 = E/R_{\text{eq}3} = 1\text{A}$$

Aplicando de nuevo la fórmula del divisor de corriente podemos calcular todas las corrientes del circuito

$$I_2 = I_1/2 = 0{,}5\text{A}$$
$$I_3 = I_4 = I_2/2 = 0{,}25\text{A}$$
$$I_5 = I_6 = I_2/2 = 0{,}25\text{A}$$

Las potencias disipadas por las resistencias se pueden calcular como

$$P_{\text{R}} = R_1 I_1^2 + R_2 I_2^2 + R_3 I_3^2 + R_4 I_4^2 + R_5 I_5^2 + R_6 I_6^2 = 15\text{W}$$

La potencia en suministrada por el generador es

$$P_{\text{gen}} = -EI_1 = -15\text{W}$$

Finalmente, se puede comprobar que $P_{\text{R}} + P_{\text{gen}} = 0$

Problema 10. Calcule la resistencia equivalente entre los puntos A y B en los siguientes escenarios

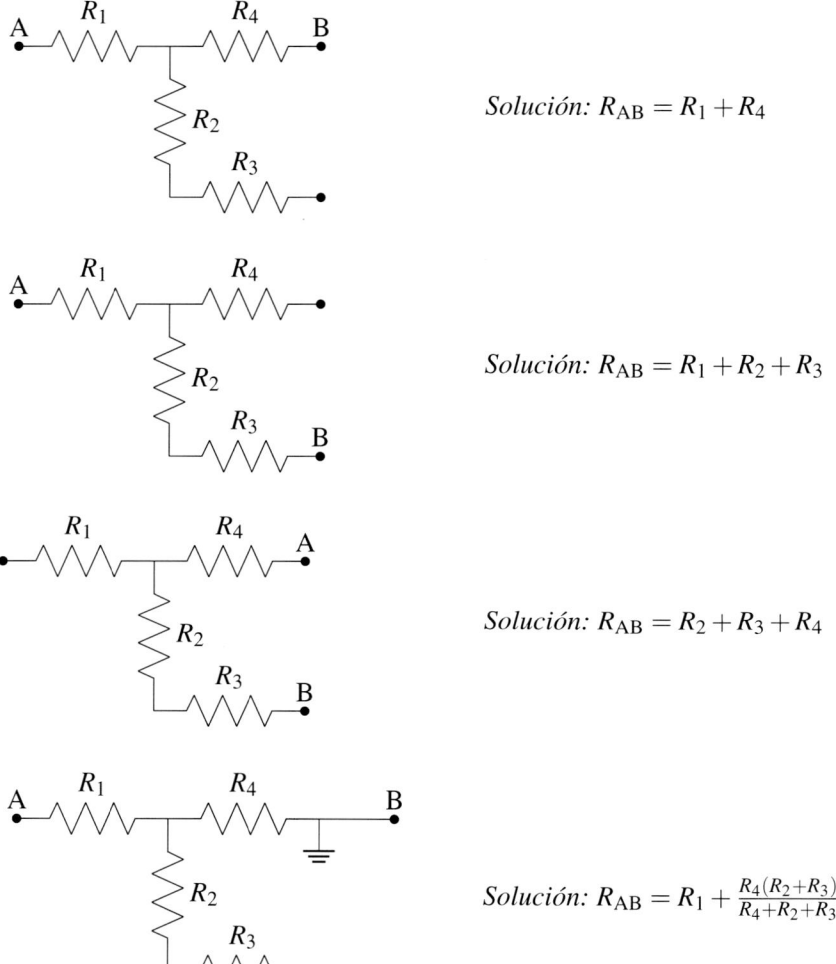

Solución: $R_{AB} = R_1 + R_4$

Solución: $R_{AB} = R_1 + R_2 + R_3$

Solución: $R_{AB} = R_2 + R_3 + R_4$

Solución: $R_{AB} = R_1 + \dfrac{R_4(R_2+R_3)}{R_4+R_2+R_3}$

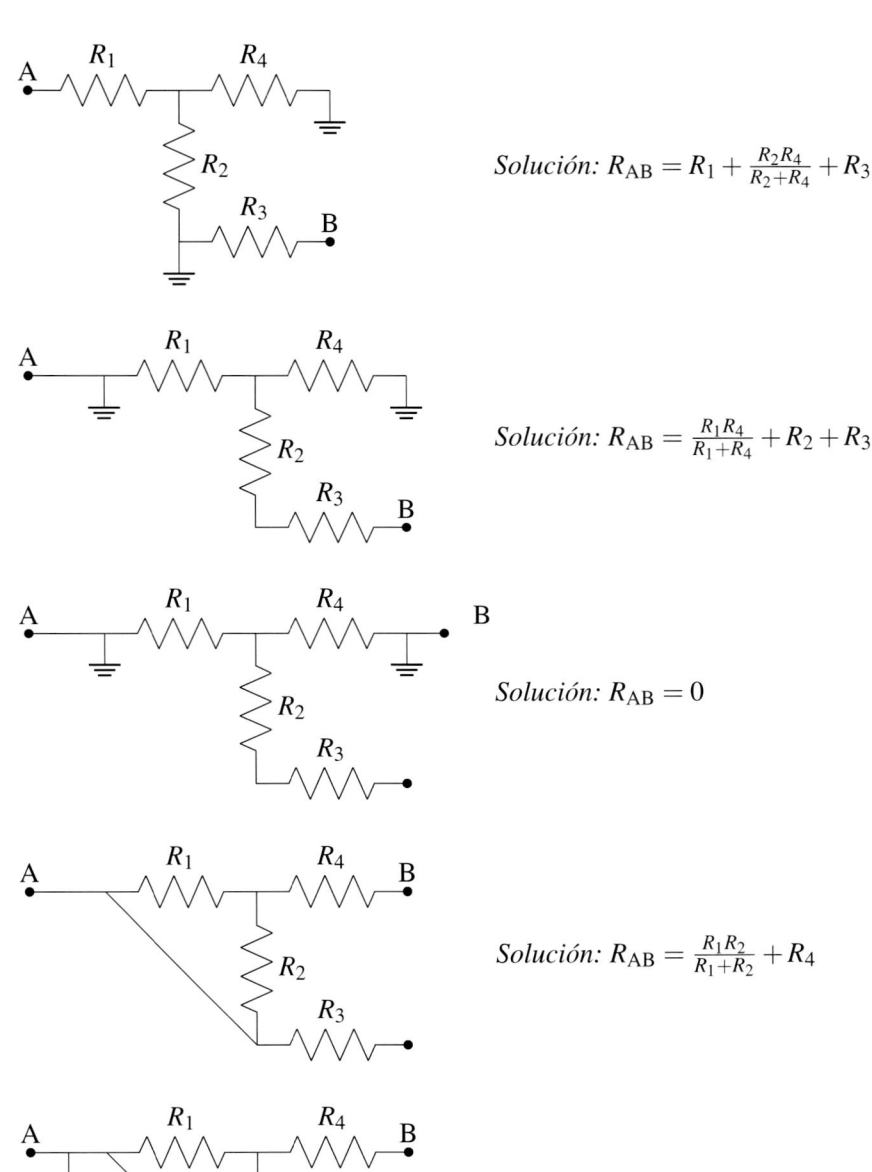

Solución: $R_{\text{AB}} = R_1 + \frac{R_2 R_4}{R_2 + R_4} + R_3$

Solución: $R_{\text{AB}} = \frac{R_1 R_4}{R_1 + R_4} + R_2 + R_3$

Solución: $R_{\text{AB}} = 0$

Solución: $R_{\text{AB}} = \frac{R_1 R_2}{R_1 + R_2} + R_4$

Solución: $R_{\text{AB}} = \frac{R_1 R_2}{R_1 + R_2} + R_4$

Teoría de circuitos eléctricos: problemas resueltos

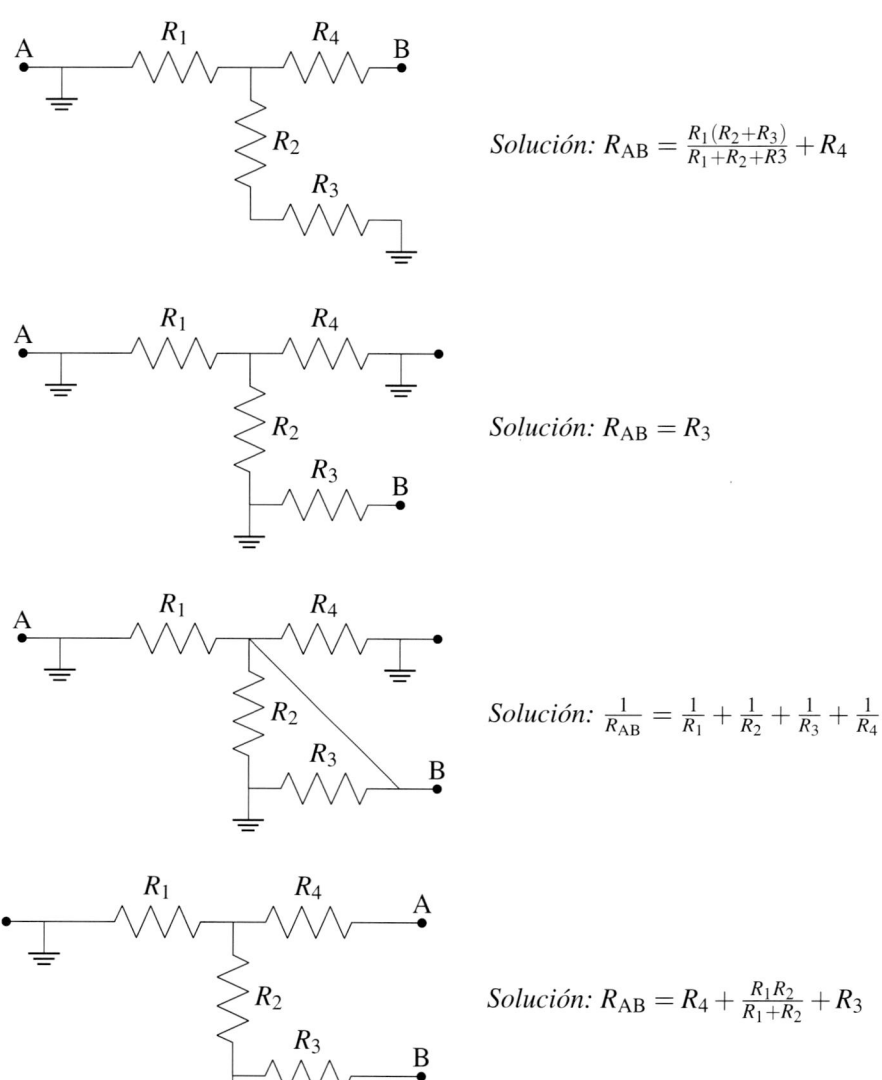

Solución: $R_{AB} = \frac{R_1(R_2+R_3)}{R_1+R_2+R3} + R_4$

Solución: $R_{AB} = R_3$

Solución: $\frac{1}{R_{AB}} = \frac{1}{R_1} + \frac{1}{R_2} + \frac{1}{R_3} + \frac{1}{R_4}$

Solución: $R_{AB} = R_4 + \frac{R_1R_2}{R_1+R_2} + R_3$

Problema 11. Dado el siguiente circuito:

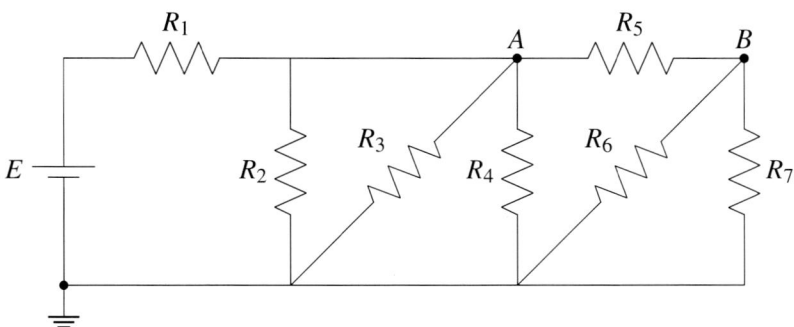

$E = 14\text{V}, R_1 = 0,4\,\Omega, R_2 = 6\,\Omega, R_3 = 12\,\Omega, R_4 = 4\,\Omega, R_5 = 2\,\Omega, R_6 = 12\,\Omega, R_7 = 12\,\Omega$

a) Calcule la diferencia de tensión V_{AB}.

b) Verifique el teorema de conservación de la energía para este circuito.

A continuación, se conecta el nodo B a tierra.

c) Calcule la diferencia de tensión V_{AB} en el nuevo circuito.

d) Calcule la diferencia de tensión V_{AB} medida por un voltímetro con resistencia interna $R_{\text{int}} = 19\,\Omega$. Indique dónde hay que conectar el voltímetro en el circuito para poder realizar dicha medida.

Solución

a) En primer lugar, vamos a ir agrupando las diferentes resistencias que tenemos en el circuito, para obtener la corriente I_1 que sale del terminal positivo del generador E y pasa íntegramente por la resistencia R_1.

Las resistencias R_6 y R_7 están en paralelo:

$$R_{67} = \frac{R_6 \cdot R_7}{R_6 + R_7} = 6\,\Omega$$

Las resistencias R_5 y R_{67} están en serie:

$$R_{567} = R_5 + R_{67} = 8\,\Omega$$

Teoría de circuitos eléctricos: problemas resueltos

Las resistencias R_2, R_3, R_4 y R_{567} están en paralelo:

$$R_{234567} = \frac{1}{\frac{1}{R_2} + \frac{1}{R_3} + \frac{1}{R_4} + \frac{1}{R_{567}}} = 1,6\,\Omega$$

Las resistencias R_1 y R_{234567} están en serie:

$$R_{1234567} = R_1 + R_{234567} = 2\,\Omega$$

Con lo que la corriente I_1 se calcula como:

$$I_1 = \frac{E}{R_{1234567}} = 7\text{A}$$

Ahora, utilizando el divisor de corriente, se puede calcular la corriente I_5 que pasa por la resistencia R_5.

$$I_5 = I_1 \frac{R_{234567}}{R_{567}} = 1,4\text{A}$$

Y finalmente,

$$V_{AB} = I_5 \cdot R_5 = 2,8\text{V}$$

b) Para verificar el teorema de conservación de la energía, calculamos en primer lugar las corrientes que pasan por cada una de las resistencias del circuito.

$$I_6 = I_7 = \frac{I_5}{2} = 0,7\text{A}$$

$$I_2 = I_1 \frac{R_{234567}}{R_2} = 1,87\text{A}$$

$$I_3 = I_1 \frac{R_{234567}}{R_3} = 0,93\text{A}$$

$$I_4 = I_1 \frac{R_{234567}}{R_4} = 2,8\text{A}$$

Ahora calculamos las potencias disipadas en cada una de las siete resistencias:

$$
\begin{aligned}
P_{R1} &= R_1 \cdot I_1^2 = 19,6\text{W} \\
P_{R2} &= R_2 \cdot I_2^2 = 20,91\text{W} \\
P_{R3} &= R_3 \cdot I_3^2 = 10,45\text{W} \\
P_{R4} &= R_4 \cdot I_4^2 = 31,36\text{W} \\
P_{R5} &= R_5 \cdot I_5^2 = 3,92\text{W} \\
P_{R6} &= R_6 \cdot I_6^2 = 5,88\text{W} \\
P_{R7} &= R_7 \cdot I_7^2 = 5,88\text{W}
\end{aligned}
$$

La potencia total absorbida será por tanto:

$$P_{\text{abs}} = P_{R1} + P_{R2} + P_{R3} + P_{R4} + P_{R5} + P_{R6} + P_{R7} = 98\text{W}$$

Por otro lado, la potencia entregada por el generador es:

$$P_{\text{gen}} = -E \cdot I_1 = -98\text{W}$$

Con lo que efectivamente, se verifica el teorema de conservación de la energía:

$$P_{\text{total}} = P_{\text{abs}} + P_{\text{gen}} = 98 - 98 = 0\text{W}$$

c) Al conectar el nodo B a tierra, la relación entre las resistencias es diferente. Ahora las resistencias R_6 y R_7 están en paralelo con un cortocircuito, por lo que no tienen efecto en el circuito.

Las resistencias R_2, R_3, R_4 y R_5 están en paralelo:

$$R_{2345} = \cfrac{1}{\frac{1}{R_2} + \frac{1}{R_3} + \frac{1}{R_4} + \frac{1}{R_5}} = 1\,\Omega$$

Con lo que la tensión VAB se puede calcular mediante un divisor de tensión como:

$$V_{AB} = E \frac{R_{2345}}{R_1 + R_{2345}} = 10\text{V}$$

d) El voltímetro tiene que conectarse en paralelo a los nodos A y B para medir correctamente la diferencia de tensión. Por consiguiente, la resistencia interna del voltímetro estará en paralelo con R_{2345}. Combinando ahora todas las resistencias en paralelo entre A y B, se obtiene:

$$R_{2345\text{int}} = \frac{R_{2345} \cdot R_{\text{int}}}{R_{2345} + R_{\text{int}}} = 0,95\,\Omega$$

Y, utilizando nuevamente el divisor de tensión, la tensión V_{AB} medida en el voltímetro es en este caso:

$$V_{AB} = E \frac{R_{2345\text{int}}}{R_1 + R_{2345\text{int}}} = 9,852\text{V}$$

Problema 12. Considere el siguiente circuito:

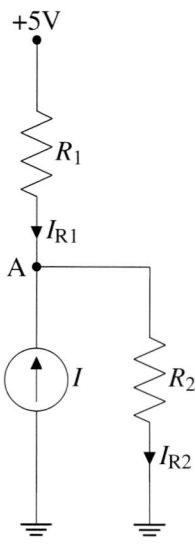

Datos:

$$R_1 = 1\,\text{k}\Omega \text{ y } R_2 = 1\,\text{k}\Omega.$$

a) Calcule la corriente que debe suministrar el generador de corriente para que la tensión en el punto A (V_A) sea 7,5 V.

b) Considere que el generador de corriente suministra una corriente $I = 20\,\text{mA}$, calcule la tensión V_A y las corrientes en las resistencias R_1 y R_2.

c) Considere la última configuración ($I = 20\,\text{mA}$) y compruebe el teorema de conservación de energía.

Solución

a) Si la tensión $V_A = 7{,}5\text{V}$, las corrientes en las resistencias pueden calcularse como:

$$I_{R2} = \frac{V_A}{R_2} = 7{,}5\text{mA} \quad I_{R1} = \frac{5 - V_A}{R_1} = -2{,}5\text{mA}$$

Aplicando la Ley Kirchhoff de las corrientes en el nodo A, sabemos que $I + I_{R1} = I_{R2}$. Finalmente, el valor de la fuente de corriente que satisface las condiciones del enunciado es

$$I = I_{R2} - I_{R1} = 10\text{mA}$$

b) Si la fuente de corriente suministra $I = 20$ mA, aplicando la LKC al nodo A, podemos obtener una relación entre las corrientes en las resistencias:

$$I_{R2} = I_{R1} + I = I_{R1} + 20\,\text{mA}$$

Calculando las caídas de tensión en las resistencias obtenemos:

$$5 = R_1 I_{R1} + R_2 I_{R2} = R_1 I_{R1} + R_2 I_{R1} + R_2 I \longrightarrow I_{R1} = -7,5\,\text{mA}$$

Despejando el valor de la corriente en la resistencia R_2 podemos calcular el valor de la tensión en el nodo A:

$$I_{R2} = I + I_{R1} = 12,5\,\text{mA} \longrightarrow V_A = R_2 I_{R2} = 12,5\,\text{V}$$

c) El teorema de conservación de la energía dice que la suma de las potencias entregadas y absorbidas del circuito es cero. Por ello, primero se calcula la potencia en cada elemento y se discrimina por su signo si es absorbida $(+)$ o entregada $(-)$.

$$P_{R1} = I_{R1}^2 \cdot R_1 = 53{,}25 \text{ mW (Absorbida)} \qquad P_{5V} = -5 \cdot I_{R1} = 37{,}5 \text{ mW (Absorbida)}$$
$$P_{R2} = I_{R2}^2 \cdot R_2 = 156{,}25 \text{ mW (Absorbida)} \qquad P_I = V_A \cdot (-I) = -250 \text{ mW (Entregada)}$$

Como resultado tenemos que $\sum P_{\text{absorbida}} = 250$ mW y $\sum P_{\text{entregada}} = -250$ mW y por tanto, $\sum P_{\text{absorbida}} + \sum P_{\text{entregada}} = 0$.

Capítulo 2

Análisis de circuitos en DC

Descripción y objetivos de los problemas

Este capítulo está diseñado para guiar al lector en un recorrido progresivo por las técnicas fundamentales del análisis de circuitos en corriente continua, abordando circuitos más complejos que los presentados en el capítulo anterior. Se introduce el análisis mediante el método de mallas, primero con generadores de tensión y posteriormente incorporando fuentes de corriente, lo que incrementa la dificultad del planteamiento. Además, se presentan por primera vez los equivalentes de Thévenin y Norton, herramientas clave para la simplificación de circuitos y el estudio de su comportamiento frente a distintas cargas. Finalmente, se profundiza en el análisis de la transferencia de potencia, con especial atención a las condiciones de máxima eficiencia energética, un concepto esencial en el diseño de sistemas eléctricos y electrónicos.

Los **problemas 1 al 4** del capítulo aplican el método de análisis por mallas en circuitos que contienen exclusivamente generadores de tensión. En estos ejercicios se resuelven sistemas de ecuaciones lineales para determinar las corrientes que circulan por las distintas ramas del circuito, considerando configuraciones con múltiples resistencias y fuentes de tensión. Además del cálculo de corrientes, se analiza la potencia disipada en los elementos resistivos y la potencia entregada por los generadores, verificando en algunos casos el cumplimiento del principio de conservación de la energía. Estos problemas permiten al lector familiarizarse con la formulación sistemática de ecuaciones de malla y su resolución, consolidando así una herramienta fundamental para el análisis de circuitos en corriente continua.

Los **problemas 5 y 6** introducen el análisis de circuitos mediante el método de mallas en presencia de fuentes de corriente, lo que añade complejidad al planteamiento de las ecuaciones. En estos ejercicios se combinan generadores de tensión y corriente, lo que requiere adaptar el enfoque tradicional del análisis por mallas, considerando restricciones impuestas por las fuentes de corriente en determinadas ramas.

El **problema 7** introduce por primera vez de forma explícita el uso de los equivalentes de Thévenin y Norton. Este ejercicio es clave porque permite comprender cómo un circuito complejo puede reducirse a una forma mucho más simple, facilitando el análisis de la respuesta del sistema ante distintas cargas conectadas.

Los **problemas 8 al 14** del capítulo representan una etapa de consolidación y aumento progresivo de la complejidad en el análisis de circuitos eléctricos. Se profundiza en el uso de los equivalentes de Thévenin y Norton, aplicándolos en circuitos más elaborados que combinan múltiples resistencias y fuentes.

Los **problemas 15 al 18** se centran en el análisis de circuitos desde la perspectiva de la transferencia de potencia, con énfasis en la máxima transferencia de potencia a la carga, un concepto clave en diseño de sistemas eléctricos y electrónicos.

Problema 1. Considere el siguiente circuito

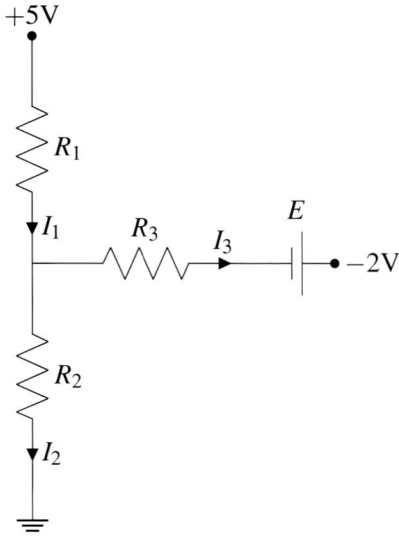

Datos:

$$R_1 = 1\,\Omega, R_2 = 3\,\Omega, R_3 = 6\,\Omega, E = 1\,\text{V}$$

a) Calcule las corrientes I_1 y I_2 e I_3.

b) Analiza el circuito y comprueba la ley de la conservación de la energía

Solución

Representamos el circuito en forma de mallas cerradas

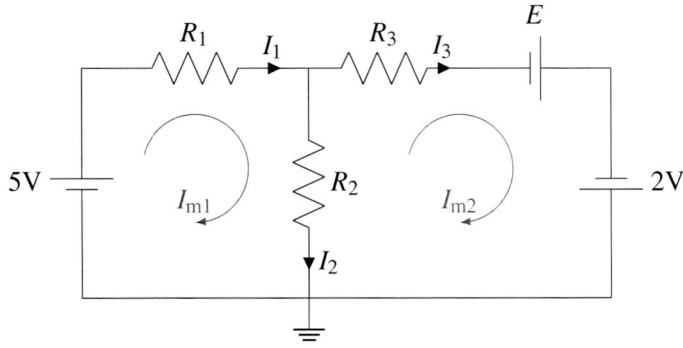

Teoría de circuitos eléctricos: problemas resueltos

Resolvemos el circuito aplicando el análisis de mallas

$$0 = -5\text{V} + I_{m1} \cdot R_1 + (I_{m1} - I_{m2}) \cdot R_2$$
$$0 = I_{m2} \cdot R_3 - E - 2\text{V} + (I_{m2} - I_{m1}) \cdot R_2$$

Operando algebraicamente se puede representar el sistema de forma matricial

$$\begin{bmatrix} R_1 + R_2 & -R_2 \\ -R_2 & R_2 + R_3 \end{bmatrix} \begin{bmatrix} I_{m1} \\ I_{m2} \end{bmatrix} = \begin{bmatrix} 5\text{V} \\ E + 2\text{V} \end{bmatrix}$$

Sustituyendo los valores númericos y resolviendo el sistema obtenemos las corrientes de malla $I_{m1} = 2\text{A}$ y $I_{m2} = 1\text{A}$. Conociendo las corrientes de malla, podemos calcular las corrientes I_1 y I_2 e I_3 del siguiente modo

$$I_1 = I_{m1} = 2\text{A}$$
$$I_2 = I_{m1} - I_{m2} = 1\text{A}$$
$$I_3 = I_{m2} = 1\text{A}$$

La potencia disipada por las resistencias y entregada por los generadores puede calcularse como

$$P_R = R_1 \cdot I_1^2 + R_2 \cdot I_2^2 + R_3 \cdot I_3^2 = 13\text{W}$$
$$P_{gen} = -5\text{V} \cdot I_1 - E \cdot I_2 - 2\text{V} \cdot I_2 = -13\text{W}$$

Finalmente, se puede comprobar que $P_R + P_{gen} = 0$

Problema 2. Considere el siguiente circuito y calcule el valor de las corrientes I_1, I_2 e I_3.

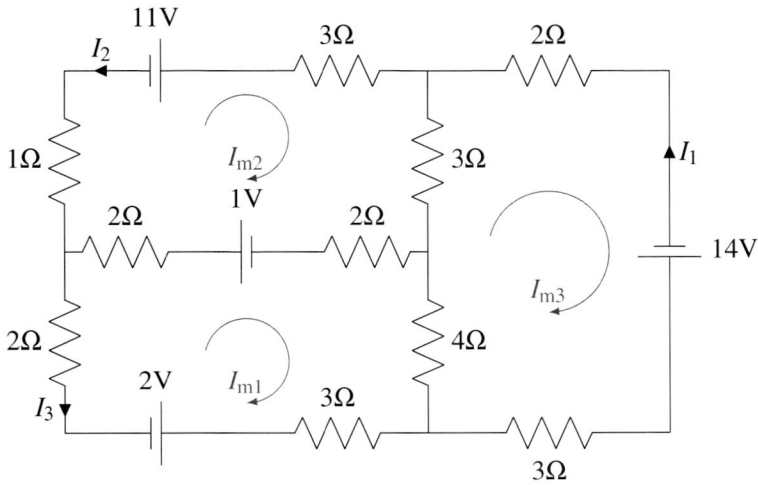

Solución

Para calcular las corrientes resolvemos el sistema por mallas

$$0 = 2I_{m1} + 4(I_{m1} - I_{m2}) + 1 + 4(I_{m1} - I_{m3}) + 3I_{m1} + 2$$
$$0 = -11 + 3I_{m2} + 3(I_{m2} - I_{m3}) + 4(I_{m2} - I_{m1}) - 1 + I_{m2}$$
$$0 = -14 + 3I_{m3} + 4(I_{m3} - I_{m1}) + 3(I_{m3} - I_{m2}) + 2I_{m3}$$

Operando algebraicamente podemos expresar el sistema de ecuaciones de forma matricial

$$\begin{bmatrix} 13 & -4 & -4 \\ -4 & 11 & -3 \\ -4 & -3 & 12 \end{bmatrix} \begin{bmatrix} I_{m1} \\ I_{m2} \\ I_{m3} \end{bmatrix} = \begin{bmatrix} -3 \\ 12 \\ 14 \end{bmatrix}$$

Resolviendo el sistema obtenemos las corrientes $I_{m1} = 1$A y $I_{m2} = 2$A e $I_{m3} = 2$A. Las corrietes de mallas y las corrientes I_1, I_2 e I_3 se relacionan mediante

$$I_1 = -I_{m3} = -2\text{A} \quad I_2 = -I_{m2} = -2\text{A} \quad I_3 = -I_{m1} = -1\text{A}$$

Problema 3. Dado el siguiente circuito, encuentre el valor de R_3 para que $P_{R1} = 4P_{R5}$

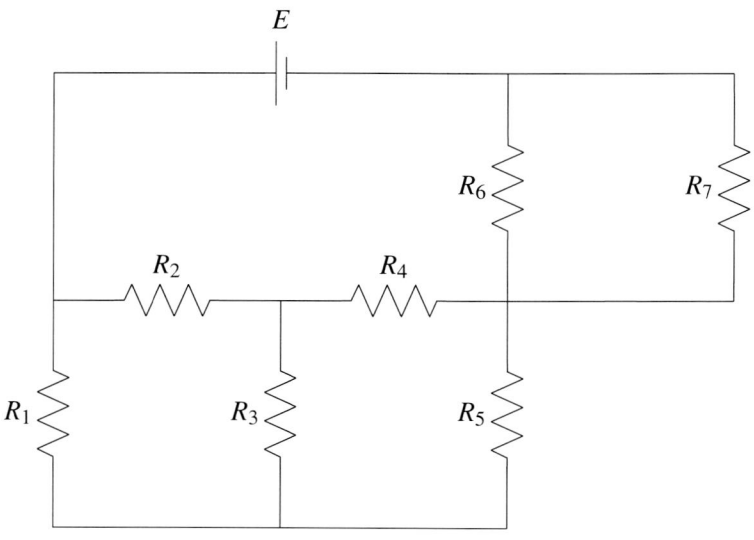

Datos:

$$R_1 = 1\,\Omega, R_2 = 1\,\Omega, R_4 = 0,25\,\Omega, R_5 = 1\,\Omega, R_6 = 2\,\Omega, R_7 = 2\,\Omega, E = 1\,\text{V}$$

Solución

Simplificamos el circuito agrupando las resistencias R_7 y R_6 en paralelo. Sabiendo que $P_{R1} = 4P_{R5}$, podemos obtener la relación entre las corrientes que pasan por las resistencias

$$R_1 I_{m1}^2 = 4R_5 I_{m2}^2 \longrightarrow I_{m1} = 2I_{m2}$$

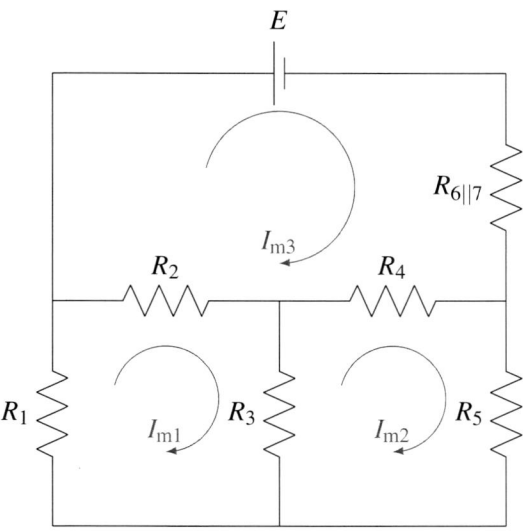

Analizamos las mallas manteniendo R_3 como incognita.

Malla 1)
$$0 = R_1 I_{m1} + R_2(I_{m1} - I_{m3}) + R_3(I_{m1} - I_{m2})$$
$$0 = (4 + R_3)I_{m2} - I_{m3}$$

Malla 2)
$$0 = R_5 I_{m2} + R_3(I_{m2} - I_{m1}) + R_4(I_{m2} - I_{m3})$$
$$0 = (1{,}25 - R_3)I_{m2} - 0{,}25 I_{m3}$$

Malla 3)
$$0 = E + R_{6||7} I_{m3} + R_4(I_{m3} - I_{m2}) + R_2(I_{m3} - I_{m1})$$
$$I_{m3} = I_{m2} - 0{,}4$$

Despejando del sistema de ecuaciones obtenemos que $R_3 = 0{,}2\,\Omega$

Problema 4. Calcula la potencia entregada o absorbida por el generador de corriente I_1

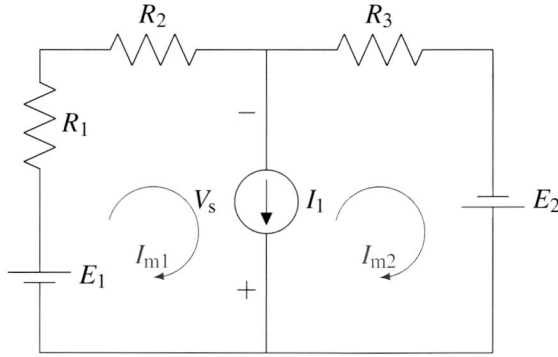

Datos: $R_1 = 6\,\Omega, R_2 = 4\,\Omega, R_3 = 2\,\Omega, I_1 = 4\,\text{A}, E_1 = 20\,\text{V}, E_2 = 12\,\text{V}$

Solución

Para calcular la potencia en el generador de corriente, necesitamos calcular la tensión V_s. Para ello, escribimos las dos ecuaciones de malla y la relación entre las corrientes de malla y la corriente del generador

$$I_{m1}(R_1 + R_2) - V_s = E_1$$
$$I_{m2}R_3 + V_s = E_2$$
$$I_{m1} - I_{m2} = I_1$$

Representando el sistema de ecuaciones de forma matricial y sustituyendo los valores numéricos obtenemos

$$\begin{bmatrix} 10 & 0 & -1 \\ 0 & 2 & 1 \\ 1 & -1 & 0 \end{bmatrix} \begin{bmatrix} I_{m1} \\ I_{m2} \\ V_s \end{bmatrix} = \begin{bmatrix} 20 \\ 12 \\ 4 \end{bmatrix}$$

Resolviendo el sistema obtenemos el valor de las corrientes y la tension: $I_{m1} = 10/3$ A, $I_{m2} = -2/3$ A y $V_s = 40/3$ V. Finalmente, la potencia en el generador de corriente se puede calcular como

$$P_s = -V_s I_s = -53{,}3\,\text{W}$$

Problema 5. Calcule la corriente I_{R1}

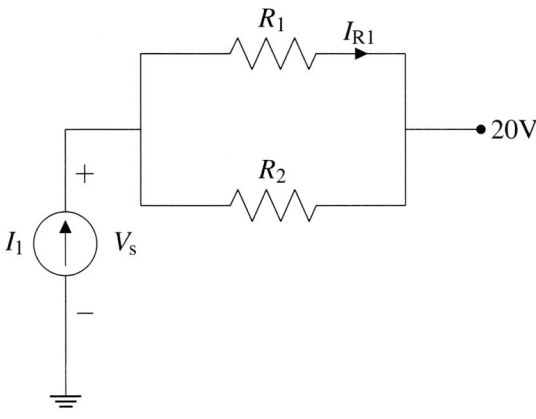

Datos:

$$R_1 = 2\,\Omega, R_2 = 1\,\Omega, I_1 = 6\,\text{A}$$

Solución

Para calcular la corriente I_{R1} podemos dibujar el circuito del siguiente modo

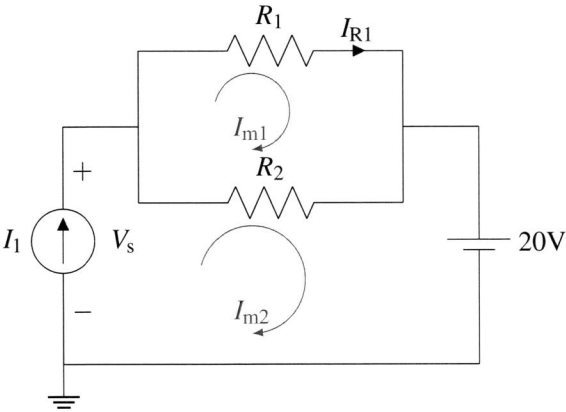

Dado que la Malla 2 contiene un generador de corriente en una rama externa, la corriente de esa malla queda determinada por el valor del generador de corriente $I_{m2} = I_1 = 6$ A. Analizando la Malla 1 podemos escribir la ecuación de malla como

$$R_1 I_{m1} + R_2(I_{m1} - I_{m2}) = 0$$

Despejando de esta ecuación, la corriente en la Malla 1 tiene un valor de $I_{m1} = 2$ A. Finalmente, la corriente en la resistencia R_1 es $I_{R1} = I_{m1} = 2$ A.

Problema 6. Calcule la corriente I_L que pasa por la resistencia R_L

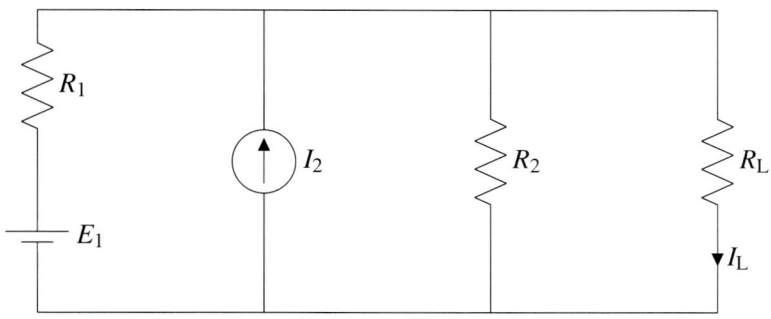

Datos:

$$R_1 = 8\,\Omega, R_2 = 24\,\Omega, I_2 = 6\,\text{A}, R_L = 14\,\Omega, E_1 = 32\,\text{V}$$

Solución

Para calcular la corriente I_L podemos simplificar el circuito usando la equivalencia entre genadores de corriente y tensión. De este modo el circuito original con tres mallas podría representarse de este modo

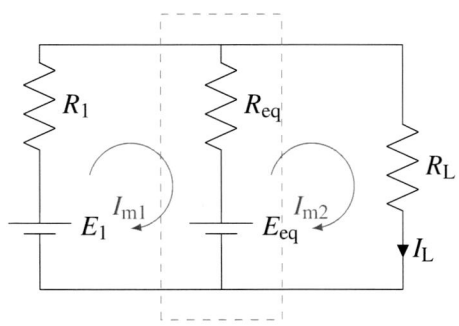

Donde el valor de la resistencia y el generador de tensión equivalentes (rectángulo punteado en el circuito) se puede calcular como

$$R_{eq} = R_2 = 24\,\Omega$$
$$E_{eq} = R_2 I_2 = 144\text{V}$$

Las ecuaciones de malla en este circuito se pueden expresar como

$$I_{m1}(R_1 + R_{eq}) - I_{m2}R_{eq} = E_1 - E_{eq}$$
$$-I_{m1}R_{eq} + I_{m2}(R_{eq} + R_L) = E_{eq}$$

Sustituyendo los valores númericos, el sistema de ecuaciones se puede representar de forma matricial como

$$\begin{bmatrix} 32 & -24 \\ -24 & 38 \end{bmatrix} \begin{bmatrix} I_{m1} \\ I_{m2} \end{bmatrix} = \begin{bmatrix} -112 \\ 144 \end{bmatrix}$$

Resolviendo el sistemas, el valor de las corrientes de malla son $I_{m1} = -1{,}25$ A y $I_{m2} = 3$ A. Finalmente, la corriente por la resistencia R_L será $I_L = I_{m2} = 3$ A.

Problema 7. Dado el siguiente circuito, calcule los equivalentes Thevenin y Norton entre los puntos A y B

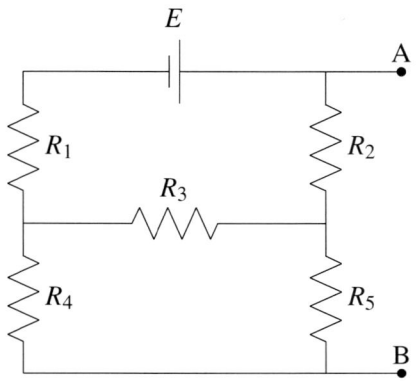

Datos:

$$R_1 = 2\,\Omega, R_2 = 1\,\Omega, R_3 = 2\,\Omega, R_4 = 2\,\Omega, R_5 = 8\,\Omega, E = 14\,\text{V}$$

Solución

Para calcular la **resistencia del equivalente Thevenin**, comenzamos desconectando los generadores y calculando la tensión entre los puntos A y B en función de la corriente que pasa por dicho puntos. Para ello, usaremos la siguiente representación del circuito

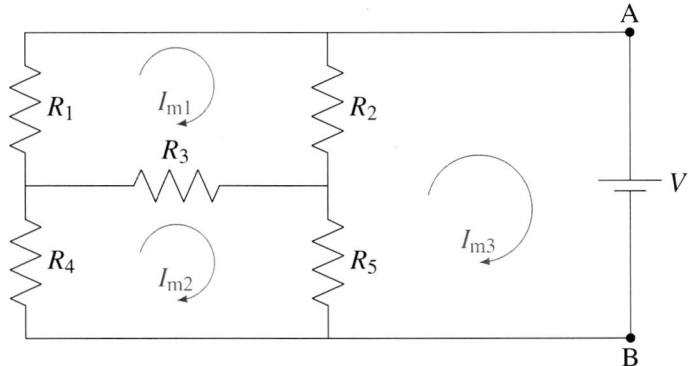

Las ecuaciones de malla en este circuito se pueden escribir como

$$I_{m1}(R_1 + R_2 + R_3) - I_{m2}R_3 - I_{m3}R_2 = 0$$
$$-I_{m1}R_3 + I_{m2}(R_3 + R_4 + R_5) - I_{m3}R_5 = 0$$
$$-I_{m1}R_2 - I_{m2}R_5 + I_{m3}(R_2 + R_5) = -V$$

Representando el sistema de ecuaciones de forma matricial y sustituyendo los valores numéricos obtenemos

$$\begin{bmatrix} 5 & -2 & -1 \\ -2 & 12 & -8 \\ -1 & -8 & 9 \end{bmatrix} \begin{bmatrix} I_{m1} \\ I_{m2} \\ I_{m3} \end{bmatrix} = \begin{bmatrix} 0 \\ 0 \\ -V \end{bmatrix}$$

Resolviendo el sistema de ecuaciones, obtenemos el siguiente valor para las corrientes de malla: $I_{m1} = -0{,}2V$, $I_{m2} = -0{,}3V$ y $I_{m3} = -0{,}4V$. Finalmente la resistencia Thevinin puede ser calculada como

$$R_{Th} = \frac{V}{-I_{m3}} = 2{,}5\Omega$$

Nótese que la resistencia equivalente Norton es igual a la resistencia equivalente Thevenin

$$R_N = R_{Th} = 2{,}5\Omega$$

Para el calculo de la **tensión equivalente Thevinin**, calculamos la tensión entre los puntos A y B en circuito abierto.

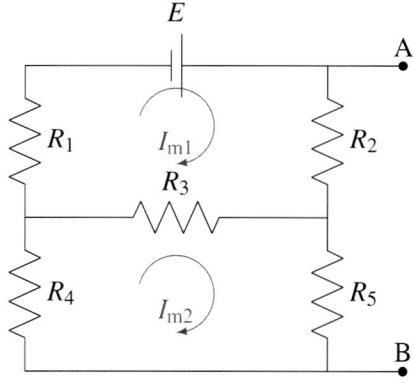

Las ecuaciones de malla en este escenario pueden escribirse como

$$I_{m1}(R_1 + R_2 + R_3) - I_{m2}R_3 = E$$
$$-I_{m1}R_3 + I_{m2}(R_3 + R_4 + R_5) = 0$$

Sustituyendo los valores numéricos y representando el sistema en forma matricial obtenemos

$$\begin{bmatrix} 5 & -2 \\ -2 & 12 \end{bmatrix} \begin{bmatrix} I_{m1} \\ I_{m2} \end{bmatrix} = \begin{bmatrix} 14 \\ 0 \end{bmatrix}$$

El valor de las corrientes de malla es $I_{m1} = 3$ A y $I_{m2} = 0,5$ A. Finalmente, el valor de la tensión equivalente Thevenin se calcula como

$$E_{Th} = I_{m1}R_2 + I_{m2}R_5 = 7 \text{ V}$$

Para calcular el valor de la **corriente equivalente Norton**, calculamos la corriente entre los puntos A y B en cortocircuito. En este escenario, podemos definir las corrientes de malla como

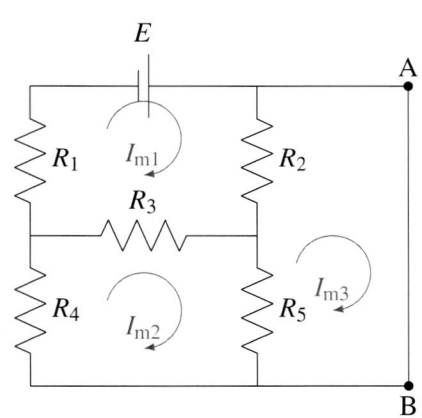

Las ecuaciones de malla en este escenario pueden escribirse como

$$I_{m1}(R_1 + R_2 + R_3) - I_{m2}R_3 - I_{m3}R_2 = E$$
$$-I_{m1}R_3 + I_{m2}(R_3 + R_4 + R_5) - I_{m3}R_5 = 0$$
$$-I_{m1}R_2 - I_{m2}R_5 + I_{m3}(R_2 + R_5) = -0$$

Sustituyendo los valores numéricos y representando el sistema en forma matricial obtenemos

$$\begin{bmatrix} 5 & -2 & -1 \\ -2 & 12 & -8 \\ -1 & -8 & 9 \end{bmatrix} \begin{bmatrix} I_{m1} \\ I_{m2} \\ I_{m3} \end{bmatrix} = \begin{bmatrix} 14 \\ 0 \\ 0 \end{bmatrix}$$

El valor de las corrientes de malla es $I_{m1} = 4,4$ A, $I_{m2} = 2,6$ A y $I_{m3} = 2,8$ A. Finalmente, el valor de la corriente Norton $I_N = I_{m3} = 2,8$ A.

La representación circuital de los equivalentes Thevnin y Norton es

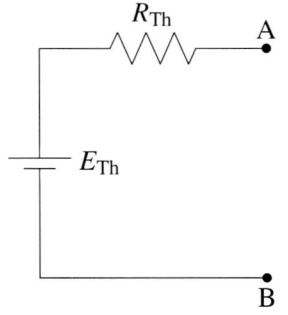

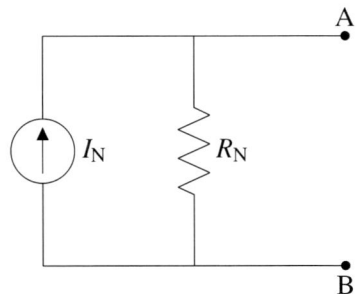

Problema 8. Dados los siguientes circuitos.

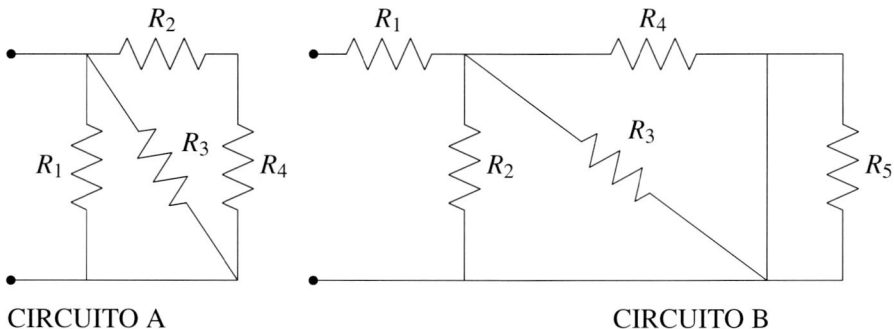

CIRCUITO A   CIRCUITO B

$$R_1 = 1\,\Omega,\ R_2 = 2\,\Omega,\ R_3 = 3\,\Omega,\ R_4 = 4\,\Omega,\ R_5 = 5\,\Omega$$

a) Calcule la resistencia equivalente del circuito A.

b) Calcule la resistencia equivalente del circuito B.

Considere ahora el siguiente circuito.

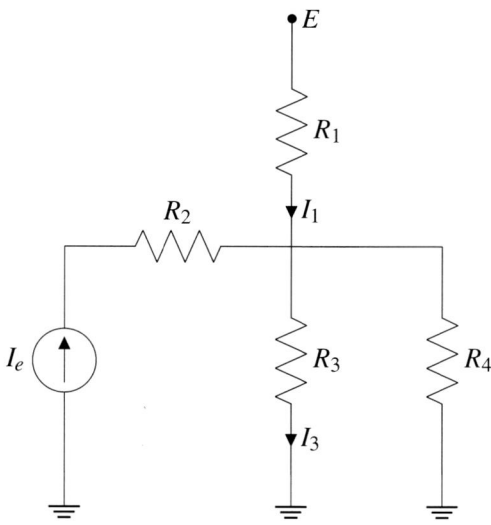

$$E = 20\ \text{V},\ I_e = 3\ \text{A},\ R_1 = 1\,\Omega,\ R_2 = 2\,\Omega,\ R_3 = 3\,\Omega,\ R_4 = 4\,\Omega$$

c) Calcule la potencia en la resistencia R_2.

d) Calcule la corriente I_1.

e) Calcule la corriente I_3.

f) Calcule la diferencia de tensión en el generador de corriente I_e.

Considere ahora el siguiente circuito.

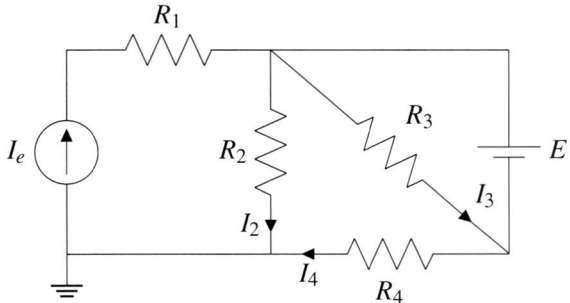

$$E = 20 \text{ V}, I_e = 3 \text{ A}, R_1 = 1\,\Omega, R_2 = 2\,\Omega, R_3 = 3\,\Omega, R_4 = 4\,\Omega$$

g) Calcule la corriente I_3 sin aplicar el método de mallas.

h) Obtenga y exprese claramente, de forma ordenada y sin sustituir valores numéricos, las ecuaciones de malla obtenidas al aplicar el método de mallas definiendo previamente las corrientes de malla.

i) Resuelva el sistema de ecuaciones resultante y calcule las corrientes de rama I_2 e I_4.

j) Calcule la potencia en el generador de tensión E y en el generador de corriente I_e.

Solución

a) En primer lugar calculamos la resistencia equivalente entre R_2, R_3 y R_4:

$$R_{234} = \frac{(R_2 + R_4)R_3}{R_2 + R_3 + R_4} = 2\,\Omega$$

La resistencia equivalente del circuito A se obtendrá a partir de:

$$R_A = \frac{R_1 R_{234}}{R_1 + R_{234}} = 0{,}67\,\Omega$$

b) En primer lugar calculamos la resistencia equivalente de R_3 y R_4 que están en paralelo:

$$R_{34} = \frac{R_3 R_4}{R_3 + R_4} = 1{,}71\,\Omega$$

A continuación calculamos la resistencia equivalente del circuito B a partir de:

$$R_B = R_1 + \frac{R_2 R_{34}}{R_2 + R_{34}} = 1{,}92\,\Omega$$

c) La potencia en la resistencia R_2 se calcula fácilmente:

$$P_{R2} = I_e^2 R_2 = 18\mathrm{W}$$

d) En primer lugar agrupamos las resistencias R_3 y R_4 que están en paralelo:

$$R_{34} = \frac{R_3 R_4}{R_3 + R_4} = 1{,}71\,\Omega$$

De esta forma la corriente I_1 se obtiene a partir de:

$$I_1 = \frac{E - I_e R_{34}}{R_1 + R_{34}} = 5{,}47\mathrm{A}$$

e) La corriente I_3 podemos obtenerla aplicando la formula del divisor de corriente:

$$I_3 = (I_1 + I_e)\frac{R_4}{R_3 + R_4} = 4{,}84\mathrm{A}$$

f) La diferencia de tensión en el generador de corriente se puede calcular a partir de:

$$V_e = E - I_1 R_1 + I_e R_2 = 20{,}52\mathrm{V}$$

g) La corriente I_3 se calcula aplicando la ley de Ohm ya que R_3 está en paralelo con el generador de tensión E:

$$I_3 = \frac{E}{R_3} = 6{,}67\mathrm{A}$$

h) En primer lugar definimos las corrientes de malla y su sentido:

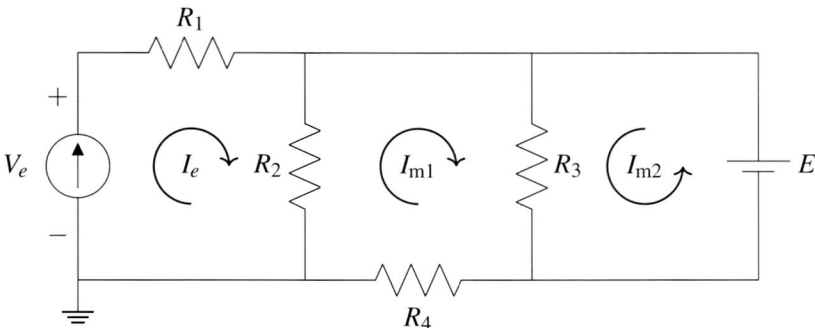

Las ecuaciones de malla obtenidas al aplicar el método de mallas son:

$$0 = -V_e + I_e R_1 + (I_e - I_{m1})R_2$$
$$0 = (I_{m1} + I_{m2})R_3 + I_{m1}R_4 - (I_{m1} - I_e)R_2$$
$$0 = -E + (I_{m1} + I_{m2})R_3$$

i) Resolvemos el sistema de ecuaciones del apartado anterior:

$$I_{m1} = -2{,}33\text{A}$$
$$I_{m2} = 9\text{A}$$
$$V_e = 13{,}67\text{V}$$

De forma que las corrientes de rama serán:

$$I_2 = I_e - I_{m1} = 5{,}33\text{A}$$
$$I_4 = I_{m1} = -2{,}33\text{A}$$

j) La potencia en el generador de tensión y corriente son:

$$P_E = -I_{m2}E = -180\text{W}$$

$$P_{Ie} = -V_e I_e = -41\text{W}$$

45

Problema 9. Considere el siguiente circuito:

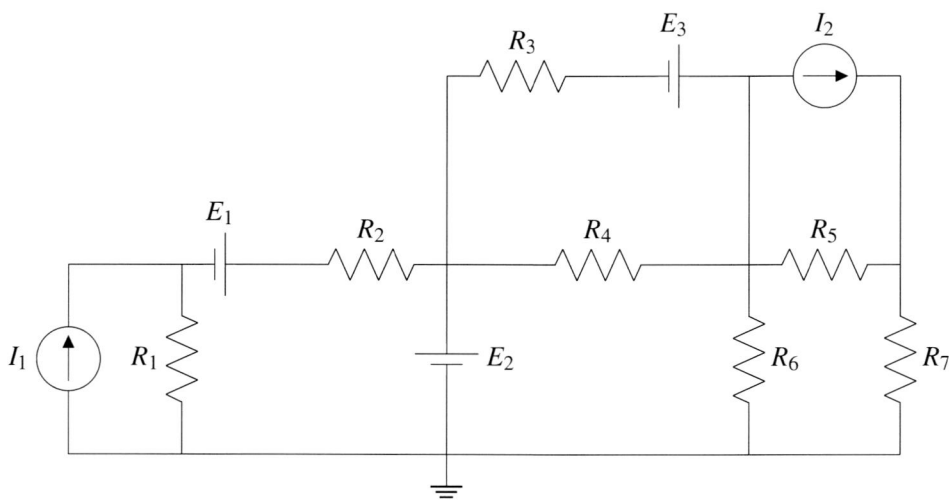

Datos:

$$R_1 = R_2 = R_4 = R_5 = R_6 = R_7 = 1k\,\Omega, R_3 = 100\text{M}\,\Omega$$
$$E_1 = E_2 = E_3 = 10\text{V}, I_1 = I_2 = 1\text{A}$$

Puesto que la resistencia R_3 es de un valor muy elevado, puede considerar que actúa como un circuito abierto ideal, y que por ella no circula ninguna corriente.

a) Reduzca el circuito a tan solo tres mallas sabiendo que R_3 actúa como circuito abierto y utilizando equivalencia entre generadores.

b) Analice el circuito por mallas y calcule las corrientes de malla.

c) Potencia en las resistencias R_6 y R_7.

d) La potencia en las fuentes E_1 y E_2 indicando en cada caso si es entregada o absorbida.

Solución

a) Al ser $R_3 = 10\text{M}\,\Omega$, de un valor muy elevado, y poder considerar que por esa resistencia no circula corriente, eliminaremos toda esa rama del circuito (R_3 y E_3).

Asimismo, convertiremos los generadores de corriente en paralelo con resistencia en generadores de tensión en serie con resistencia utilizando las frmulas de las equivalencias entre generadores.

El circuito queda por tanto de la siguiente manera:

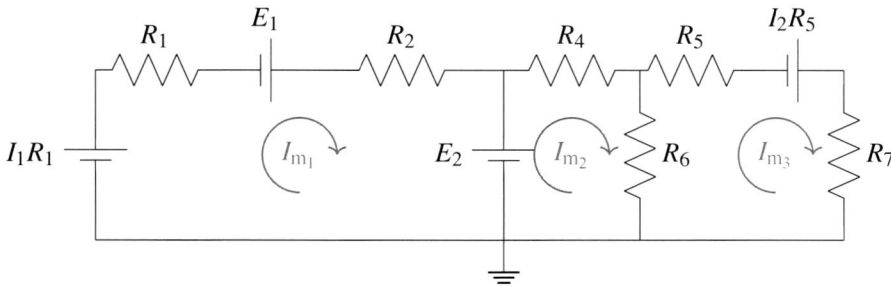

b) Definiendo las corrientes de malla como se muestra en el esquema eléctrico anterior, las ecuaciones de mallas quedarían así:

Malla I:

$$-I_1 \cdot R_1 + I_{m_1} \cdot (R_1 + R_2) - E_1 + E_2 = 0$$

Malla II:

$$-E_2 + I_{m_2} \cdot R_4 + (I_{m_2} - I_{m_3}) \cdot R_6 = 0$$

Malla III:

$$-I_2 \cdot R_5 + I_{m_3} \cdot (R_5 + R_7) + (I_{m_3} - I_{m_2}) \cdot R_6 = 0$$

Reordenando las ecuaciones, con las incógnitas a un lado, y los términos independientes al otro, y ponińdolas en forma matricial, queda el siguiente sistema:

$$\begin{pmatrix} R_1 + R_2 & 0 & 0 \\ 0 & R_4 + R_6 & -R_6 \\ 0 & -R_6 & R_5 + R_6 + R_7 \end{pmatrix} \cdot \begin{pmatrix} I_{m_1} \\ I_{m_2} \\ I_{m_3} \end{pmatrix} = \begin{pmatrix} I_1 \cdot R_1 + E_1 - E_2 \\ E_2 \\ I_2 \cdot R_5 \end{pmatrix}$$

Sustituyendo el valor de cada componente:

$$\begin{pmatrix} 2000 & 0 & 0 \\ 0 & 2000 & -1000 \\ 0 & -1000 & 3000 \end{pmatrix} \cdot \begin{pmatrix} I_{m_1} \\ I_{m_2} \\ I_{m_3} \end{pmatrix} = \begin{pmatrix} 980 \\ 10 \\ 1000 \end{pmatrix}$$

Resolviendo el sistema de ecuaciones, obtenemos:

$$I_{m_1} = 0,49\text{A}$$
$$I_{m_2} = 0,206\text{A}$$
$$I_{m_3} = 0,402\text{A}$$

c) Potencia en las resistencias R_6 y R_7:

$$P_{R6} = (I_{R6})^2 \cdot R_6 = (I_{m_2} - I_{m_3})^2 \cdot R_6 = 38,4\text{W}$$
$$P_{R7} = (I_{R7})^2 \cdot R_7 = (I_{m_3})^2 \cdot R_7 = 161,6\text{W}$$

d) La potencia en las fuentes E_1 y E_2 indicando en cada caso si es entregada o absorbida:

$$P_{E_1} = -E_1 \cdot I_{m_1} = -4,9\text{W (Entregada)}$$
$$P_{E_2} = E_2 \cdot (I_{m_1} - I_{m_2}) = 2,84\text{W (Absorbida)}$$

Problema 10. Utilice el método de las mallas para resolver el circuito de la siguiente figura:

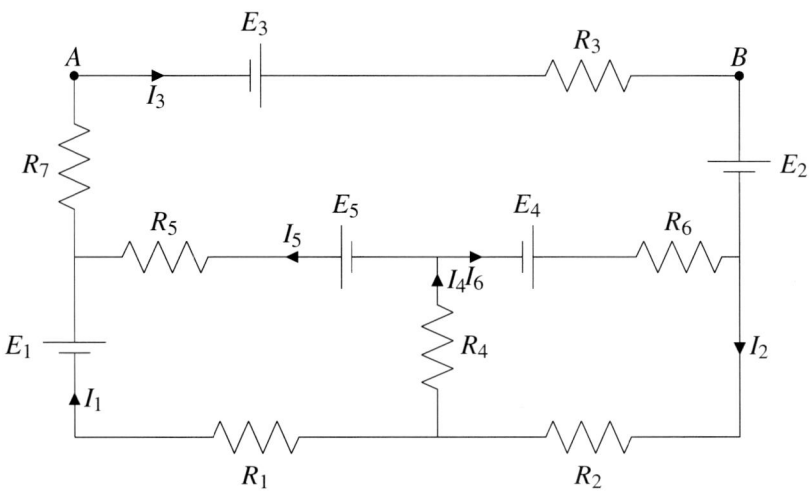

$$R_1 = 6\,\Omega,\ R_2 = 2\,\Omega,\ R_3 = 6\,\Omega,\ R_4 = 3\,\Omega,\ R_5 = 7\,\Omega,\ R_6 = 4\,\Omega,\ R_7 = 2\,\Omega$$
$$E_1 = 15V,\ E_2 = 5V,\ E_3 = 24V,\ E_4 = 13V,\ E_5 = 6V$$

a) Defina las corrientes de malla en sentido horario y establezca las correspondientes ecuaciones de malla.

b) Establezca la ecuación matricial y calcule las corrientes de malla.

c) Calcule las corrientes I_1, I_2, I_3, I_4, I_5 e I_6.

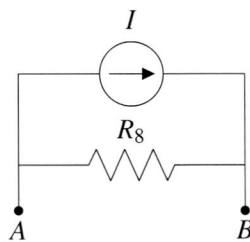

$$I = 1A,\ R_8 = 6\,\Omega$$

Ahora, se amplía el circuito anterior añadiendo el siguiente circuito entre los puntos A y B:

d) Simplifique el nuevo circuito hasta dejarlo como un circuito de tres mallas.

e) Calcule la corriente I_1 en el nuevo circuito.

Teoría de circuitos eléctricos: problemas resueltos

Solución

a) Definimos las corrientes de malla I_{m1}, I_{m2} e I_{m3} en sentido horario tal y como se indica en la siguiente figura.

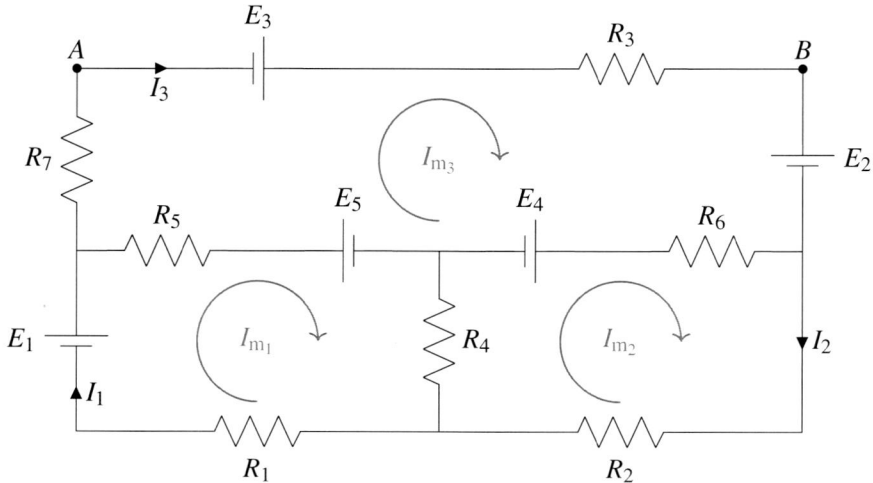

Ahora establecemos las ecuaciones de malla utilizando la ley de Kirchhoff de las tensiones:

Malla 1 : $6I_{m1} + 7(I_{m1} - I_{m3}) + 3(I_{m1} - I_{m2}) - 9 = 0$

Malla 2 : $2I_{m2} + 3(I_{m2} - I_{m1}) + 4(I_{m2} - I_{m3}) - 13 = 0$

Malla 3 : $8I_{m3} + 4(I_{m3} - I_{m2}) + 7(I_{m3} - I_{m1}) - 12 = 0$

Agrupando términos obtenemos,

Malla 1 : $16I_{m1} - 3I_{m2} - 7I_{m3} = 9$

Malla 2 : $-3I_{m1} + 9I_{m2} - 4I_{m3} = 13$

Malla 3 : $-7I_{m1} - 4I_{m2} + 19I_{m3} = 12$

b) A partir de las ecuaciones anteriores podemos expresar la ecuación matricial como:

$$\begin{bmatrix} 16 & -3 & -7 \\ -3 & 9 & -4 \\ -7 & -4 & 19 \end{bmatrix} \begin{bmatrix} I_{m1} \\ I_{m2} \\ I_{m3} \end{bmatrix} = \begin{bmatrix} 9 \\ 13 \\ 12 \end{bmatrix}$$

Resolviendo el sistema obtenemos:

$$I_{m1} = 2A$$
$$I_{m2} = 3A$$
$$I_{m3} = 2A$$

c) Las corrientes de rama se pueden calcular a partir de las corrientes de malla como:

$$I_1 = I_{m1} = 2A$$
$$I_2 = I_{m2} = 3A$$
$$I_3 = I_{m3} = 2A$$
$$I_4 = I_{m2} - I_{m1} = 1A$$
$$I_5 = I_{m3} - I_{m1} = 0A$$
$$I_6 = I_{m2} - I_{m3} = 1A$$

d) El circuito ampliado queda:

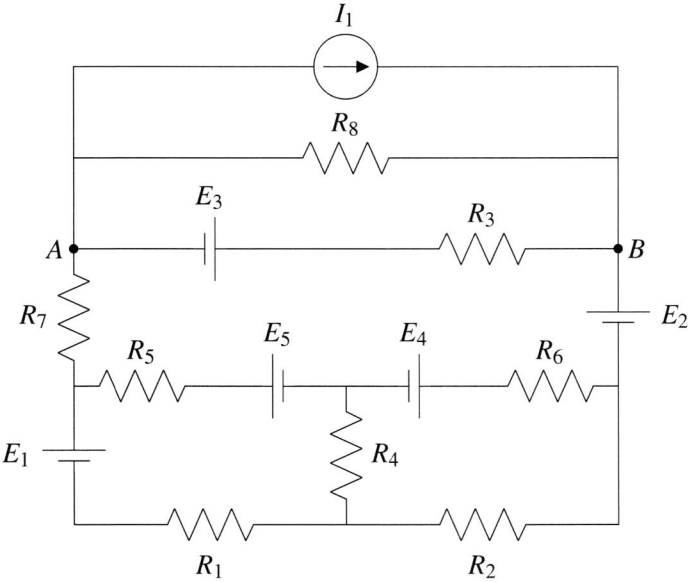

Ahora utilizando fuentes equivalentes, podemos convertir la rama entre A y B que contiene E_3 y R_3 en el paralelo de una fuente de corriente de valor E_3/R_3 y la resistencia R_3.

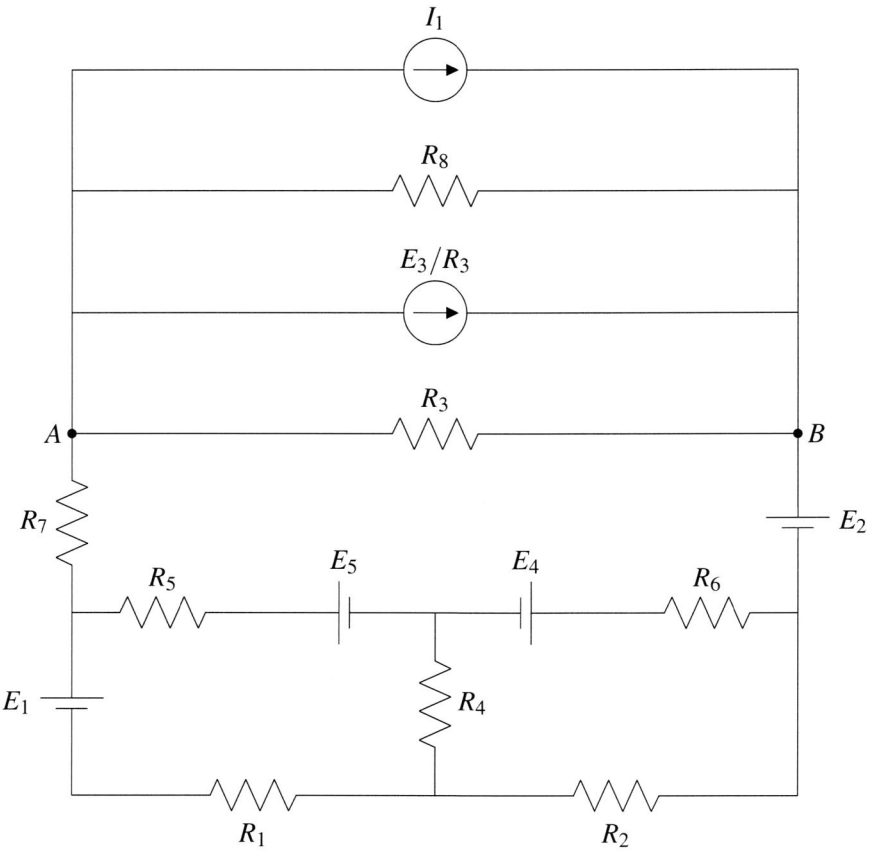

Combinamos ahora las fuentes de corriente en paralelo y las resistencias en paralelo entre A y B. La fuente de corriente resultante tendrá un valor $I_2 = I_1 + E_3/R_3 = 1 + 24/6 = 5\text{A}$. La resistencia será $R_9 = R_3 \| R_8 = 3\,\Omega$. Utilizando nuevamente equivalencia de generadores podemos pasar de la estructura de fuente de corriente en paralelo con resistencia a fuente de tensión en serie con resistencia. La fuente de tensión tendrá un valor $E_6 = I_2 R_9 = 15\text{V}$ mientras que la resistencia sigue siendo $R_9 = 3\,\Omega$. Con lo que el circuito simplificado queda finalmente:

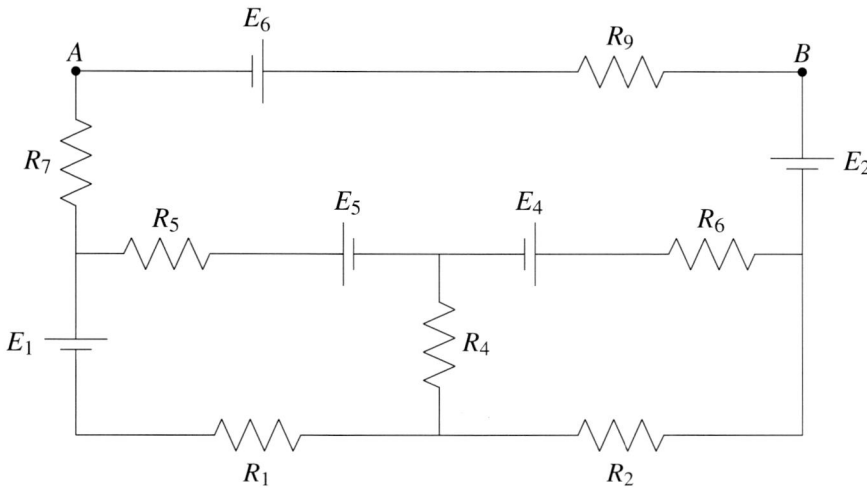

con $E_6 = 15$V y $R_9 = 3\,\Omega$.

e) Para obtener nuevamente la corriente I_1 operamos como en el circuito original pero teniendo en cuenta los nuevos valores para la fuente de tensión y para la resistencia que tenemos ahora en la rama que va entre los nodos A y B. Utilizando las mismas corrientes de malla que hemos definido previamente, la ecuación matricial queda:

$$\begin{bmatrix} 16 & -3 & -7 \\ -3 & 9 & -4 \\ -7 & -4 & 16 \end{bmatrix} \begin{bmatrix} I_{m1} \\ I_{m2} \\ I_{m3} \end{bmatrix} = \begin{bmatrix} 9 \\ 13 \\ 3 \end{bmatrix}$$

Resolviendo el sistema, la corriente que buscamos es $I_1 = I_{m1} = 1{,}83$A.

Problema 11. En el circuito de la figura:

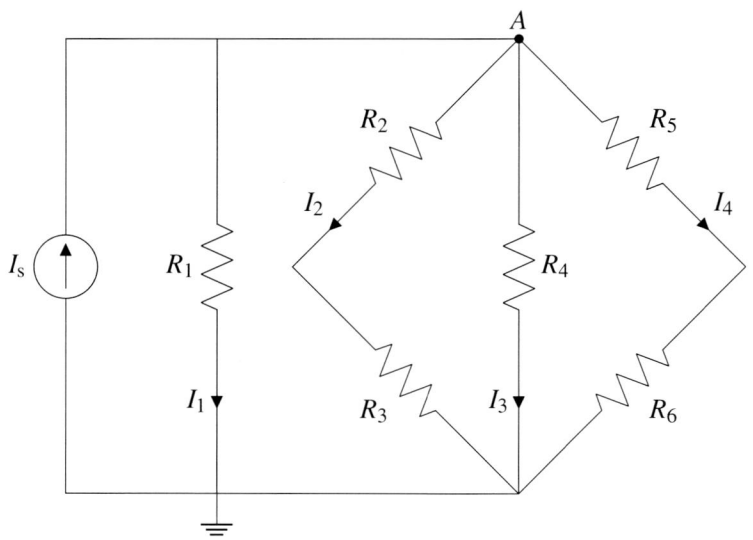

$$I_\text{s} = 10\,\text{A},\, R_1 = 3\,\Omega,\, R_2 = 2\,\Omega,\, R_3 = 2\,\Omega,\, R_4 = 12\,\Omega,\, R_5 = 3\,\Omega,\, R_6 = 3\,\Omega$$

a) Calcule las corrientes I_1, I_2, I_3 e I_4.

b) Calcule la tensión en el punto A (V_A).

c) Calcule la potencia disipada por cada una de las resistencias.

d) Calcule la potencia en el generador de corriente indicando si es entregada o absorbida y verifique el cumplimiento del teorema de conservación de la energía.

Solución

a) Podemos obtener las corrientes mediante las ecuaciones del divisor de corriente, ya que la corriente del generador se reparte entre cuatro ramas en paralelo. Por tanto:

$$I_1 = I_s \frac{R_{eq}}{R_1}$$

$$I_2 = I_s \frac{R_{eq}}{R_2 + R_3}$$

$$I_3 = I_s \frac{R_{eq}}{R_4}$$

$$I_4 = I_s \frac{R_{eq}}{R_5 + R_6}$$

La resistencia equivalente será:

$$G_{eq} = \frac{1}{R_{eq}} = \frac{1}{R_1} + \frac{1}{R_2 + R_3} + \frac{1}{R_4} + \frac{1}{R_5 + R_6} = \frac{1}{3} + \frac{1}{2+2} + \frac{1}{12} + \frac{1}{3+3} = \frac{10}{12} \Omega^{-1}$$

$$R_{eq} = \frac{12}{10} \Omega$$

Sustituyendo:

$$I_1 = 10 \cdot \frac{12}{10} \cdot \frac{1}{3} = 4A$$

$$I_2 = 10 \cdot \frac{12}{10} \cdot \frac{1}{2+2} = 3A$$

$$I_3 = 10 \cdot \frac{12}{10} \cdot \frac{1}{12} = 1A$$

$$I_4 = 10 \cdot \frac{12}{10} \cdot \frac{1}{3+3} = 2A$$

b) La tensión en el punto A se puede obtener de forma sencilla:

$$V_A = R_4 \cdot I_3 = 12 \cdot 1 = 12V$$

c) Las potencias en cada una de las resistencias se pueden calcular de la siguiente manera:

$$
\begin{aligned}
P_{R1} &= R_1 \cdot I_1^2 = 3 \cdot 4^2 = 48\text{W} \\
P_{R2} &= R_2 \cdot I_2^2 = 2 \cdot 3^2 = 18\text{W} \\
P_{R3} &= R_3 \cdot I_2^2 = 2 \cdot 3^2 = 18\text{W} \\
P_{R4} &= R_4 \cdot I_3^2 = 12 \cdot 1^2 = 12\text{W} \\
P_{R5} &= R_5 \cdot I_4^2 = 3 \cdot 2^2 = 12\text{W} \\
P_{R6} &= R_6 \cdot I_4^2 = 3 \cdot 2^2 = 12\text{W}
\end{aligned}
$$

La suma de las potencias disipadas en las resistencias es:

$$
\sum_{i=1}^{6} P_{Ri} = 48 + 2 \cdot 18 + 3 \cdot 12 = 120\text{W}
$$

d) La potencia en el generador será:

$$
P_{I_s} = (-I_s) \cdot V_A = -10 \cdot 12 = -120\text{W}
$$

Luego el generador de corriente está generando 120W, que coinciden con los 120W que se absorben en las resistencias, por lo tanto se cumple el teorema de conservación de la energía.

Problema 12. Considere el siguiente circuito:

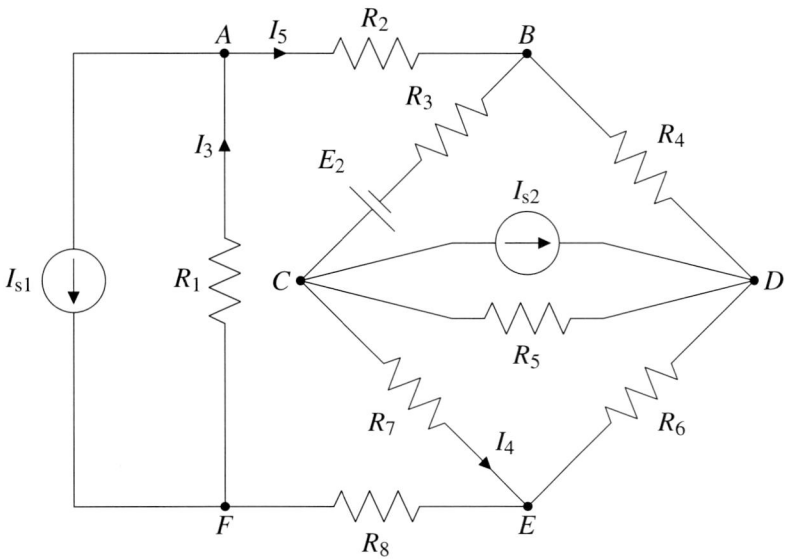

$R_1 = 2\,\Omega$, $R_2 = 1\,\Omega$, $R_3 = 4\,\Omega$, $R_4 = 15\,\Omega$, $R_5 = 1\,\Omega$, $R_6 = 5\,\Omega$, $R_7 = 2\,\Omega$, $R_8 = 1\,\Omega$,
$I_{s1} = 5{,}5\text{A}$, $E_2 = 23\text{V}$, $I_{s2} = 24\text{A}$

a) Utilizando las equivalencias entre generadores, reduzca el número de mallas lo máximo posible.

b) Defina corrientes de malla en sentido horario y aplicando el método de las mallas obtenga el valor de estas corrientes.

c) Calcule las corrientes I_4 e I_5.

d) Calcule la corriente I_3.

e) Calcule las tensiones V_{AF} y V_{CD}. Indique si estas son tensiones iguales en el circuito original y en el circuito simplificado.

f) Calcule la potencia en los generadores de corriente I_{s1} e I_{s2} e indique si Absorben o generan potencia.

g) Calcule la potencia disipada en las resistencias R_3 y R_5.

Teoría de circuitos eléctricos: problemas resueltos

Solución

a) En primer lugar vamos a nombrar a todos los nodos del circuito, así como a definir la corriente I_5, que luego nos será de utilidad:

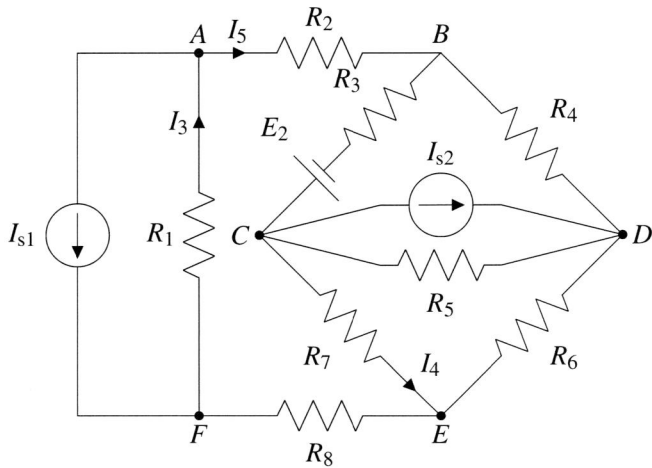

A continuación, y con el objeto de reducir el número de mallas, vamos a sustituir las dos fuentes de corriente en paralelo con resistencias por su equivalente en forma de fuente de tensión en serie con resistencia:

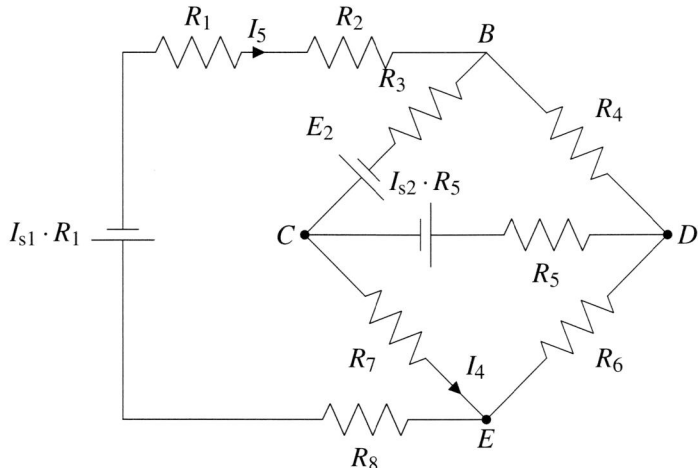

Sustituyendo cada elemento circuital por su valor, quedaría:

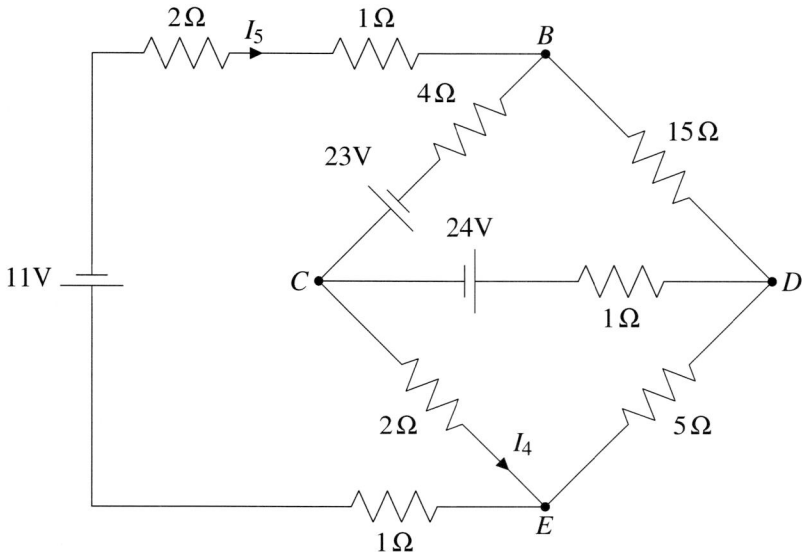

b) Ahora definimos la corrientes de malla en sentido horario:

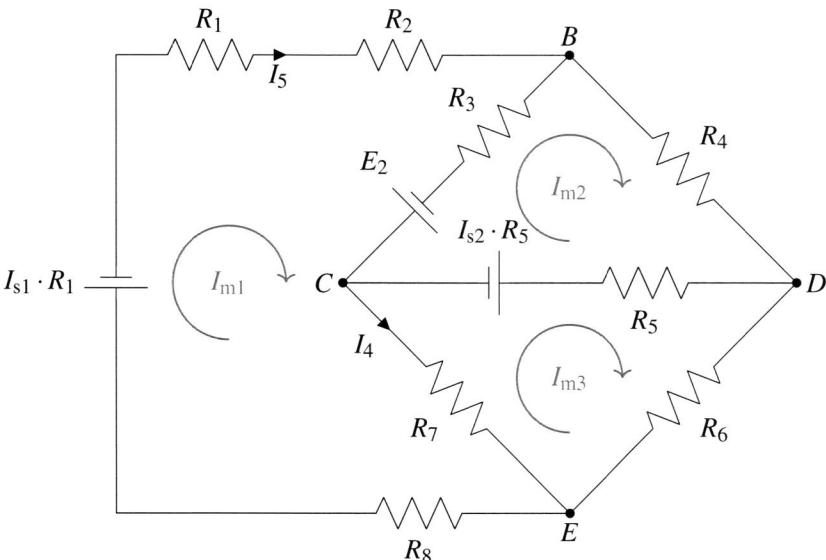

Planteando una ecuación para cada malla, y poniéndolo en forma matricial, nos queda:

$$
\begin{bmatrix}
R_1+R_2+R_3+R_7+R_8 & -R_3 & -R_7 \\
-R_3 & R_3+R_4+R_5 & -R_5 \\
-R_7 & -R_5 & R_5+R_6+R_7
\end{bmatrix}
\begin{bmatrix}
I_{m1} \\
I_{m2} \\
I_{m3}
\end{bmatrix}
=
\begin{bmatrix}
E_2-I_{s1}\cdot R_1 \\
-E_2-I_{s2}\cdot R_5 \\
I_{s2}\cdot R_5
\end{bmatrix}
$$

Y sustituyendo cada elemento circuital por su valor:

$$
\begin{bmatrix}
10 & -4 & -2 \\
-4 & 20 & -1 \\
-2 & -1 & 8
\end{bmatrix}
\begin{bmatrix}
I_{m1} \\
I_{m2} \\
I_{m3}
\end{bmatrix}
=
\begin{bmatrix}
12 \\
-47 \\
24
\end{bmatrix}
$$

Tras resolver el sistema, las corrientes de malla son:

$$
\begin{aligned}
I_{m1} &= 1\text{A} \\
I_{m2} &= -2\text{A} \\
I_{m3} &= 3\text{A}
\end{aligned}
$$

c) La corriente I_4 se puede obtener fácilmente a partir de las corrientes de malla:

$$
I_4 = I_{m1} - I_{m3} = 1 - 3 = -2\text{A}
$$

La corriente I_5 coincide con la corriente de malla I_{m1}. Es decir, $I_5 = I_{m1} = 1\text{A}$.

d) La corriente I_3 la hemos perdido al sustituir la fuente de corriente I_{s1} en paralelo con R_1 por una fuente de tensión en serie con una resistencia. No obstante, podemos aplicar que la suma de corrientes entrantes en el nodo A del circuito original es igual a la suma de corrientes salientes de ese nodo:

$$
I_3 = I_5 + I_{s1} = 1 + 5{,}5 = 6{,}5\text{A}
$$

e) Las tensiones V_{AF} y V_{CD} se pueden calcular de la siguiente forma:

$$
V_{AF} = -I_3 \cdot R_1 = -6{,}5 \cdot 2 = -13\text{V}
$$

$$
V_{CD} = -I_{s2} \cdot R_5 + R_5 \cdot (I_{m3} - I_{m2}) = -24 + (3+2) = -19\text{V}
$$

f) La potencia en cada uno de los generadores será la siguiente:

$$P_{s1} = I_{s1} \cdot V_{AF} = 5{,}5 \cdot (-13) = -71{,}5\text{W}$$
$$P_{s2} = I_{s2} \cdot V_{CD} = 24 \cdot (-19) = -456\text{W}$$

Ambos generadores entregan potencia

e) La potencia disipada en la resistencia R_3 es:

$$P_{R3} = R_3 \cdot (I_{m1} - I_{m2})^2 = 4 \cdot (1+2)^2 = 36\text{W}$$

Para el cálculo de la potencia disipada en la resistencia R_5 debemos fijarnos en el circuito original. Por tanto, podíamos calcularla así:

$$P_{R5} = \frac{V_{CD}^2}{R_5} = \frac{(-19)^2}{1} = 361\text{W}$$

Problema 13. En el circuito que se muestra:

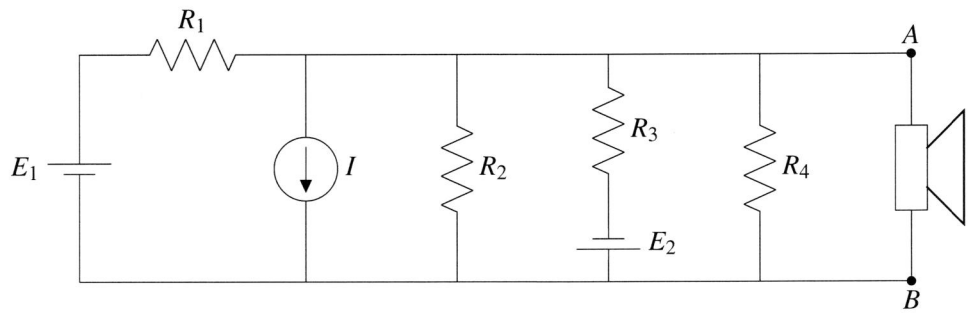

$$R_1 = 4\,\Omega,\ R_2 = 6\,\Omega,\ R_3 = 9\,\Omega,\ R_4 = 10\,\Omega,\ R_{\text{altavoz}} = 8\,\Omega$$

$$E_1 = 7\text{V},\ E_2 = 12\text{V},\ I = 8\text{A}$$

a) Calcule los equivalentes de Thevenin y Norton entre los puntos A y B.

b) Haciendo uso de los resultados del apartado anterior, indique si se transfiere o entrega máxima potencia al altavoz. Justifique su respuesta numéricamente.

Solución

a) Debemos calcular R_{Th}, E_{Th}, I_{N}, y R_{N}.

En primer lugar desconectamos las fuentes para determinar R_{Th}:

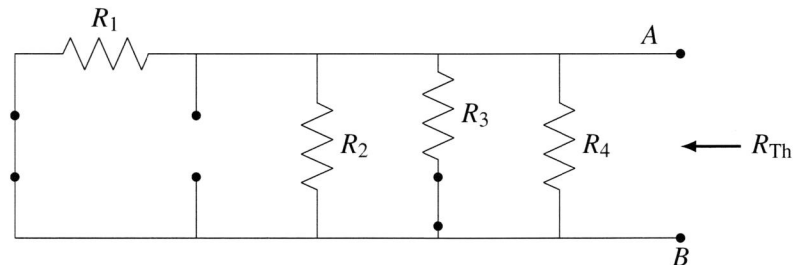

Como se puede observar, R_{Th} es el paralelo de R_1, R_2, R_3 y R_4:

$$R_{\text{Th}} = R_1 \parallel R_2 \parallel R_3 \parallel R_4 = 1{,}6\,\Omega$$

Ahora volvemos a conectar las fuentes y dejamos los nodos A y B en circuito abierto para determinar la E_{Th}:

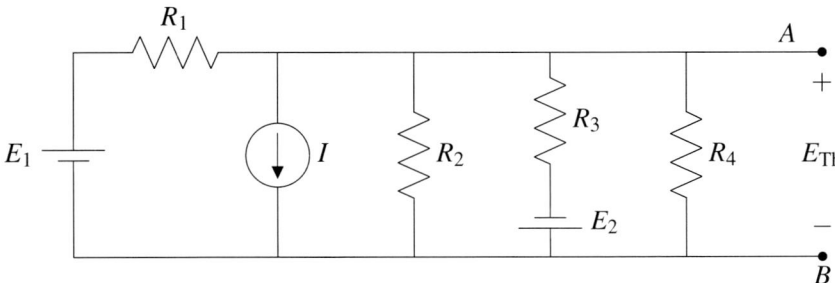

Como se puede observar, $E_{Th} = V_{R4}$. Para obtener V_{R4} realizaremos las siguientes transformaciones en el circuito:

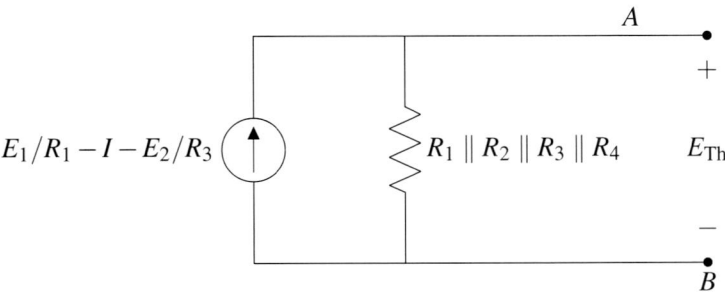

Por lo que:

$$E_{Th} = \left(\frac{E_1}{R_1} - I - \frac{E_2}{R_3} \right) \cdot (R_1 \parallel R_2 \parallel R_3 \parallel R_4)$$

$$= \left(\frac{7}{4} - 8 - \frac{12}{9} \right) \cdot 1{,}6 = -7{,}5 \cdot 1{,}6 = -12\,\text{V}$$

Por otro lado:

$$R_N = R_{Th} = 1{,}6\,\Omega$$

$$I_N = \frac{E_{Th}}{R_{Th}} = \frac{-12}{1{,}6} = -7{,}5\,\text{A}$$

63

Por tanto, los equivalentes de Thevenin y Norton son:

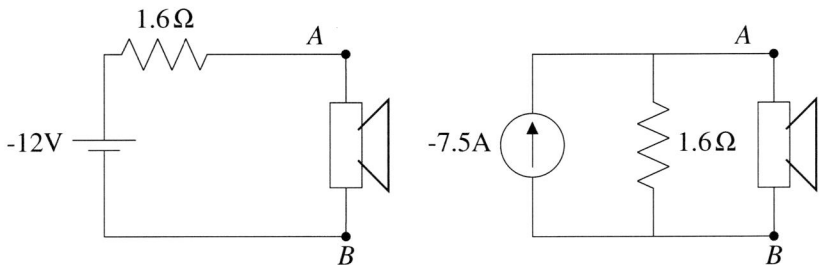

Equivalente de Thevenin   Equivalente de Norton

O si se prefiere:

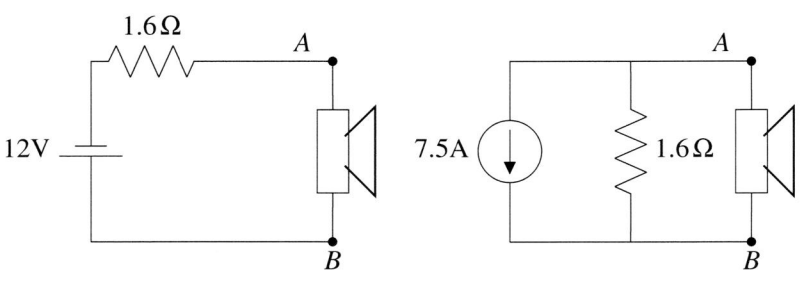

Equivalente de Thevenin   Equivalente de Norton

b) ¿Se transfiere o entrega máxima potencia al altavoz?

Dado que $R_{Th} \neq R_{altavoz}$, no se transfiere o entrega máxima potencia a la carga o altavoz.

La potencia que se está entregando, se puede calcular de la siguiente manera:

$$I_{Raltavoz} = 7,5\frac{1,6}{1,6+8} = 1,25\text{A}$$

$$P_{altavoz} = 1,25^2 \cdot 8 = 12,5\text{W}$$

En cambio, la máxima potencia que se podría entregar (si $R_{Th} = R_{altavoz}$) es:

$$P_{altavoz}^{max} = \frac{E_{Th}^2}{4R_{Th}} = \frac{12^2}{4 \cdot 1,6} = 22,5\text{W}$$

Problema 14. Dados los circuitos indicados en la siguiente figura,

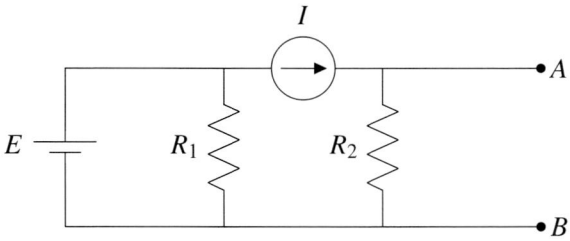

Circuito 1

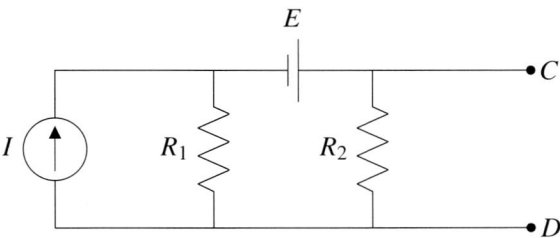

Circuito 2

$$R_1 = 3\,\Omega,\, R_2 = 2\,\Omega,\, E = 12\text{V},\, I = 3\text{A},$$

a) Calcule y dibuje el equivalente de Thevenin para el circuito 1 entre los terminales A y B.

b) Utilizando el equivalente anterior, conecte una resistencia de carga $R_L = 10\,\Omega$ entre los terminales A y B del circuito 1 y verifique el teorema de conservación de la energía.

c) Calcule y dibuje el equivalente de Norton para el circuito 2 entre los terminales C y D.

d) Utilizando el equivalente anterior, conecte una resistencia de carga $R_L = 7{,}2\,\Omega$ entre los terminales C y D del circuito 2 y verifique el teorema de conservación de la energía.

Solución

a) Para calcular la tensión de Thevenin, partimos del circuito original, dejando los terminales A y B en circuito abierto. La tensión de Thevenin se puede calcular directamente como:

$$E_{\text{Th}} = V_{AB} = I \cdot R_2 = 6\text{V}$$

Para calcular la resistencia equivalente, desconectamos las fuentes independientes.

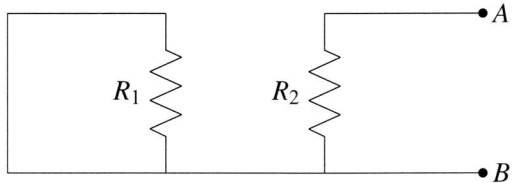

Con lo que la resistencia equivalente es $R_{\text{eq}} = R_2 = 2\,\Omega$.

El equivalente de Thevenin queda entonces:

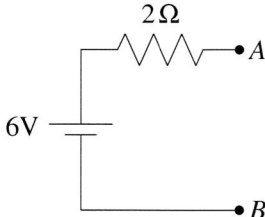

b) Una vez conectada la resistencia de carga el circuito queda de la siguiente manera:

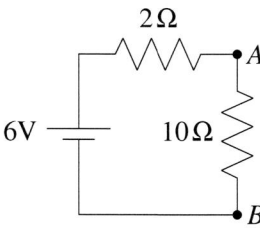

La corriente que circula por la malla se puede calcular como,

$$I_0 = \frac{6}{2+10} = 0{,}5\text{A}$$

Y las potencias en los diferentes elementos del circuito vienen dadas por,

$$P_{E_{\text{Th}}} = -E_{Th} \cdot I_0 = -6 \cdot 0{,}5 = -3\text{W}$$

$$P_{R_{eq}} = I_0^2 \cdot R_{eq} = 0{,}25 \cdot 2 = 0{,}5\text{W}$$

$$P_{R_L} = I_0^2 \cdot R_L = 0{,}25 \cdot 10 = 2{,}5\text{W}$$

Con lo que efectivamente se verifica el teorema de conservación de la energía:

$$P_{E_{\text{Th}}} + P_{R_{eq}} + P_{R_L} = -3 + 0{,}5 + 2{,}5 = 0\text{W}$$

c) Para calcular la corriente de Norton, partimos del circuito original, cortocircuitando los terminales C y D.

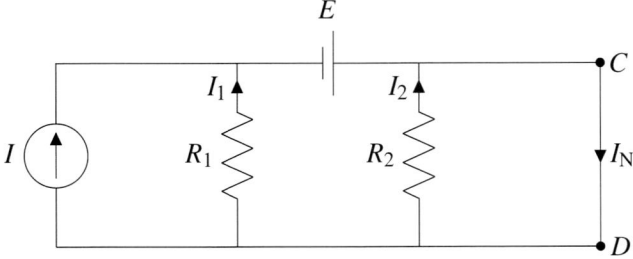

La corriente que circula por la resistencia R_2 es igual a 0 porque dicha resistencia está en paralelo con un cortocircuito.

La corriente que circula por la resistencia R_1 se puede calcular como el cociente entre la tensión en bornes de la resistencia, que viene determinad por la fuerza electromotriz de la fuente de tensión E, y el valor de la propia resistencia:

$$I_1 = \frac{E}{R_1} = \frac{12}{3} = 4\text{A}$$

Teoría de circuitos eléctricos: problemas resueltos

Y por tanto la corriente de Norton viene dada por:

$$I_N = I + I_1 + I_2 = 3 + 4 + 0 = 7\text{A}$$

Para calcular la resistencia equivalente, desconectamos las fuentes independientes en el circuito original.

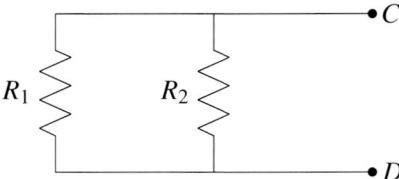

Con lo que la resistencia equivalente se calcula como,

$$R_{eq} = \frac{R_1 \cdot R_2}{R_1 + R_2} = 1{,}2\,\Omega$$

El equivalente de Norton queda entonces:

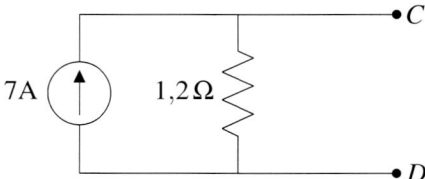

d) Una vez conectada la resistencia de carga el circuito queda de la siguiente manera:

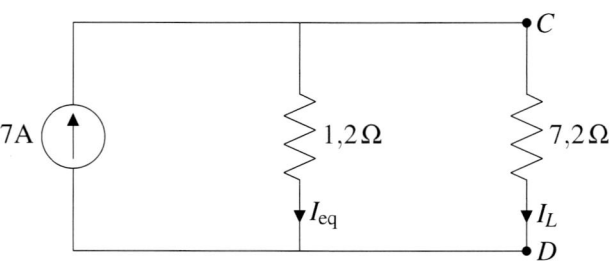

Las corrientes I_{eq} e I_L se pueden calcular utilizando la fórmula del divisor de corriente,

$$I_{eq} = 7\frac{7,2}{1,2+7,2} = 6\text{A}$$

$$I_L = 7\frac{1,2}{1,2+7,2} = 1\text{A}$$

La tensión V_I en bornes de la fuente de corriente es entonces:

$$V_I = V_{CD} = I_L \cdot R_L = 1 \cdot 7,2 = 7,2\text{V}$$

Y las potencias en los diferentes elementos del circuito vienen dadas por,

$$P_{I_N} = -V_I \cdot I = -7,2 \cdot 7 = -50,4\text{W}$$

$$P_{Req} = I_{eq}^2 \cdot R_{eq} = 36 \cdot 1,2 = 43,2\text{W}$$

$$P_{RL} = I_L^2 \cdot R_L = 1 \cdot 7,2 = 7,2\text{W}$$

Con lo que efectivamente se verifica el teorema de conservación de la energía:

$$P_{I_N} + P_{Req} + P_{RL} = -50,4 + 43,2 + 7,2 = 0\text{W}$$

Problema 15. Considere el siguiente circuito:

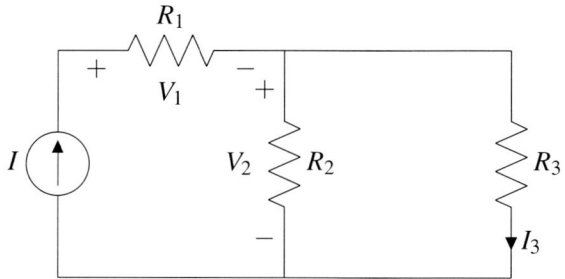

Datos:

$$I = 6\text{A}, R_1 = 1\,\Omega, R_2 = 4\,\Omega, R_3 = 4\,\Omega$$

a) Calcule las tensiones V_1 y V_2 y la corriente I_3.

b) Calcule la potencia en las resistencias R_1, R_2 y R_3.

c) Calcule la potencia en el generador de corriente, indicando si es entregada o absorbida, y verifique el teorema de conservación de la energía.

A continuación considere el siguiente circuito:

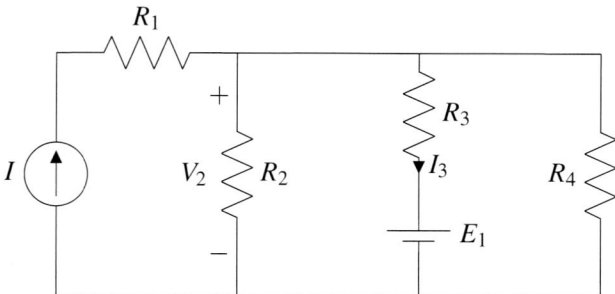

Datos:

$$E_1 = 32\text{V}, E_2 = 3\text{V}, R_4 = 6\,\Omega$$

d) Calcule la tensión V_2 y la corriente I_3 aplicando el método de mallas, reduciendo previamente el número de mallas si es posible.

e) Calcule la potencia en las resistencias R_1, R_2, R_3 y R_4.

f) Calcule la potencia en los generadores de corriente y tensión, indicando si son entregadas o absorbidas, verifique el teorema de conservación de la energía.

Considere ahora que al circuito anterior se añade una nueva fuente de tensiń, E_2, y se definen los terminales A y B, tal y como se muestra más abajo:

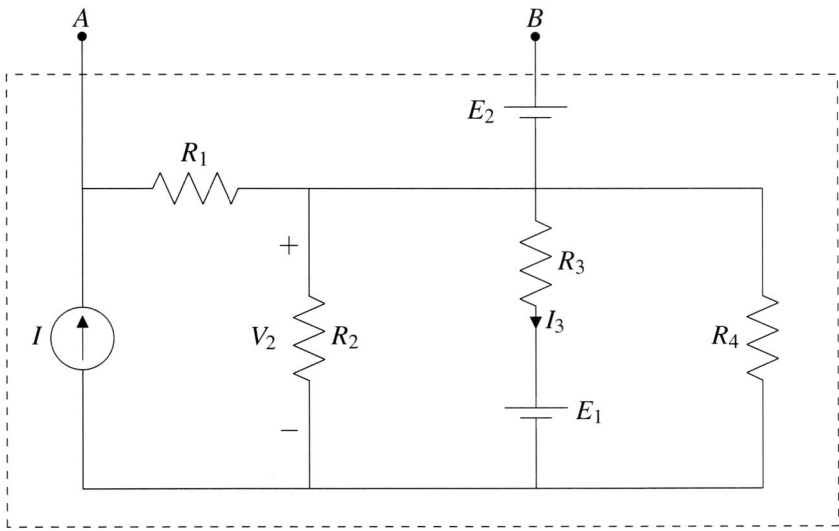

g) Calcule la resistencia equivalente entre los terminales A y B.

h) Calcule la tensión del equivalente de Thevenin entre los terminales A y B.

i) Obtenga y dibuje el equivalente de Norton. A partir del mismo calcule la potencia máxima que podría disiparse en una resistencia externa conectada entre los terminales A y B.

Solución

a) En primer lugar se pueden agrupar las resistencias R_2 y R_3 que están en paralelo y sustituirlas por una nueva resistencia de valor $R_{23} = 62\,\Omega$.

Teoría de circuitos eléctricos: problemas resueltos

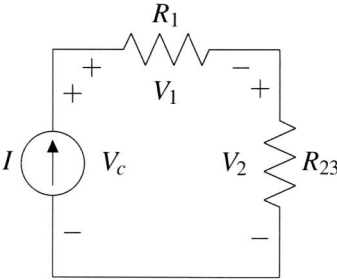

De esta forma es posible calcular las tensiones y corriente:

$$V_1 = I \cdot R_1 = 6\text{V}$$
$$V_2 = I \cdot R_{23} = 12\text{V}$$
$$I_3 = \frac{V_2}{R_3} = 3\text{A}$$

b) Las potencias en las resistencias se pueden calcular a partir de:

$$P_{R1} = I^2 \cdot R_1 = 36\text{W}$$
$$P_{R2} = \frac{V_2^2}{R_2} = 36\text{W}$$
$$P_{R3} = I_3^2 \cdot R_3 = 36\text{W}$$

c) Previo al calculo de potencia necesitamos obtener la diferencia de tensión en el generador. Suponiendo la polaridad indicada en el circuito del apartado a):

$$V_c = V_1 + V_2 = 18\text{V}$$

La potencia entregada por el generador de corriente será:

$$P_I = -V_c \cdot I = -108\text{W}$$

Se verifica el teorema de conservación de la energía ya que la potencia entregada por el generador de corriente coincide con la suma de potencias disipadas en las resistencias.

d) Las resistencias R_2 y R_4 están en paralelo por lo que se pueden agrupar auna sola resistencia de valor $R_{24} = 2,4\,\Omega$. De esta forma reducimos el circuito a dos mallas y aplicamos el método de mallas:

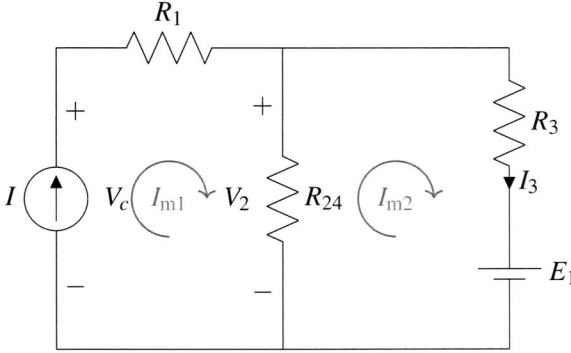

Las corrientes de malla podemos igualarlas a $I_{m1} = I$ y $I_{m2} = I_3$. De esta forma planteamos las ecuaciones de malla:

$$0 = -V_c + I \cdot R_1 + (I - I_3) \cdot R_{24}$$
$$0 = E_1 + I_3 \cdot R_3 + (I_3 - I) \cdot R_{24}$$

Despejando de la segunda ecuación obtenemos la corriente I_3:

$$I_3 = -2{,}75\text{A}$$

Y la tensión V_2 es igual a:

$$V_2 = (I - I_3) \cdot R_{24} = 21\text{V}$$

e) Las potencias en las resistencias se pueden calcular a partir de:

$$P_{R1} = I^2 \cdot R_1 = 36\text{W}$$
$$P_{R2} = \frac{V_2^2}{R_2} = 110{,}25\text{W}$$
$$P_{R3} = I_3^2 \cdot R_3 = 30{,}25\text{W}$$
$$P_{R4} = \frac{V_2^2}{R_4} = 73{,}5\text{W}$$

De forma que la potencia total disipada por las resistencias será 250 W.

f) Para calcular la potencia en el generado de corriente tenemos que obtener previamente su diferencia de tensión. A partir de la ecuación de la primera malla:

$$V_c = I \cdot R_1 + V_2 = 27\text{V}$$

Por lo que las potencias, ambas entregadas, en los generadores serán:

$$P_I = -V_c \cdot I = -162\text{W}$$
$$P_{E1} = E_1 \cdot I_3 = -88\text{W}$$

Verificándose el teorema de conservación de la energía.

g) El cálculo de la resistencia equivalente exige que se desconecten primero los generadores independientes del circuito. De esta forma, el circuito se reduce a:

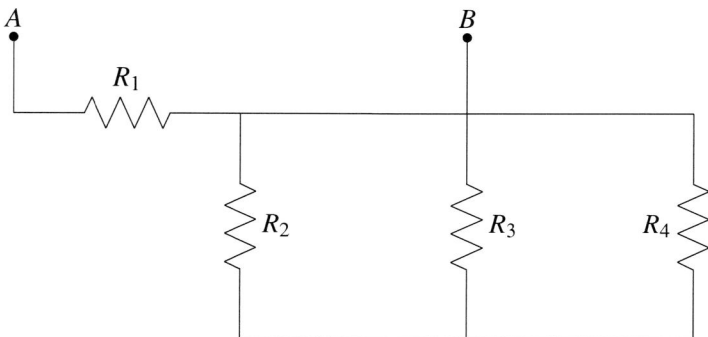

Y la resistencia equivalente será simplemente $R_1 = 1\,\Omega$.

h) La tensión del equivalente de Thevenin puede calcularse fácilmente a partir de:

$$E_{\text{Th}} = I \cdot R_1 - E_2 = 3\text{V}$$

i) La corriente y resistencia del equivalente de Norton se obtienen a partir de:

$$I_{\text{N}} = \frac{E_{\text{Th}}}{R_1} = 3\text{A}$$
$$R_{\text{N}} = R_1 = 1\,\Omega$$

El circuito resultante es el siguiente:

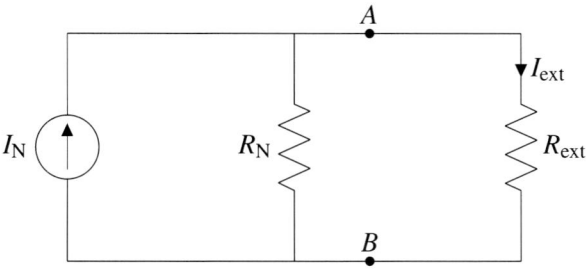

Para que exista máxima transferencia de potencia:

$$R_{ext} = R_N = 1\,\Omega$$

Aplicando la fórmula del divisor de corriente:

$$I_{ext} = I_N \cdot \frac{R_N}{R_N + R_{ext}} = 1{,}5\,A$$

Por lo que la potencia máxima que puede disiparse en una resistencia externa conectada entre los terminales A y B será:

$$P_{max} = I_{ext}^2 \cdot R_{ext} = 2{,}25\,W$$

Problema 16. En una empresa de Telecomunicaciones de la Comunidad Valenciana se desea comprobar si en el circuito que se muestra, un transmisor para radio difusión sonora en Frecuencia Modulada (FM), se está transfiriendo la máxima potencia a la carga R_L, utilizando para ello los circuitos equivalentes de Thevenin y Norton. Esta carga es una antena de tipo Yagi Uda, y se puede modelar como una resistencia de valor $R_L = 500\,\Omega$, como se muestra en la figura.

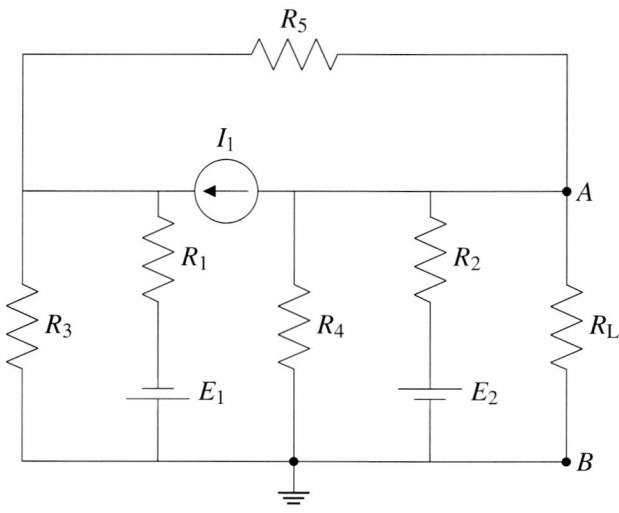

$$E_1 = 12V, E_2 = 10V, I_1 = 1mA$$
$$R_1 = 1\,k\Omega, R_2 = 100\,\Omega, R_3 = 1{,}2k\,\Omega, R_4 = 470\,\Omega, R_5 = 6{,}8\,k\Omega$$

a) Calcule los circuitos equivalentes de Thevenin y Norton del circuito entre los puntos A y B.

b) Calcule la potencia que se está transfiriendo a la resistencia R_L.

c) Calcule la la máxima potencia que se podría transferir.

d) Si la potencia transferida no es la máxima posible, obtenga el valor qué debería tener R_L para que se transfiriera la máxima potencia.

lución

a) Para calcular la $R_{Th} = R_N$ desconectaremos todas las fuentes:

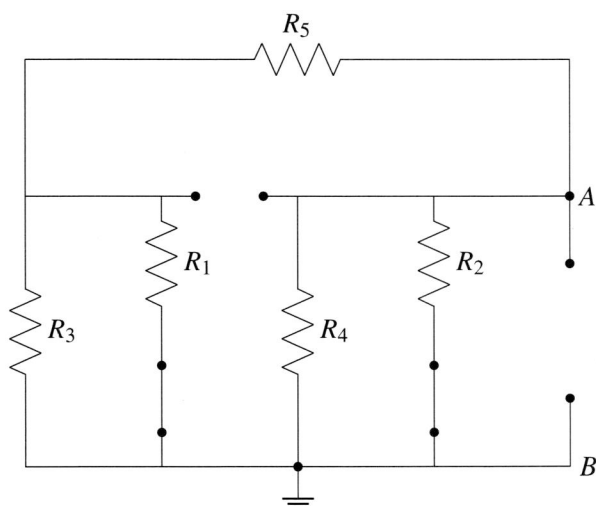

Es fácil comprobar que las resistencias entre A y B se pueden reducir a:

$$R_{Th} = R_N = ((R_1 \parallel R_3) + R_5) \parallel R_4 \parallel R_2 = 81,5, \Omega$$

Ahora, para calcular E_{Th}, quitamos R_L con todas las fuentes conectadas, y E_{Th} será la tensión entre A y B en circuito abierto:

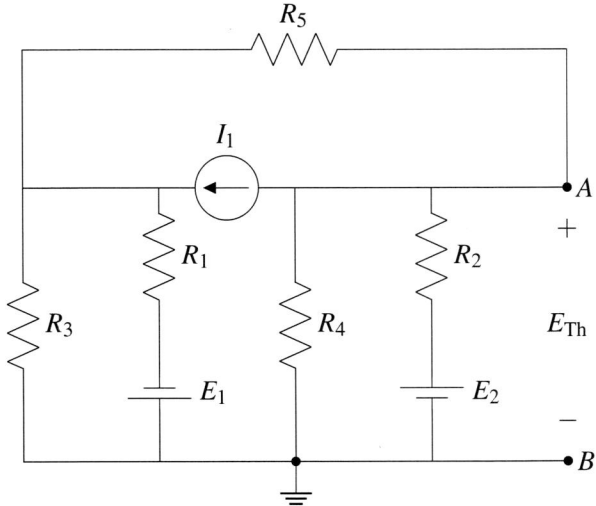

Como hay una fuente de corriente no podríamos aplicar directamente el método de las mallas. Además hay 4 mallas, que es un número muy elevado. Por tanto, conviene, si es posible, eliminar la fuente de corriente. Y, como está en paralelo con la resistencia R_5, podemos simplificar el circuito utilizando las equivalencias entre generadores:

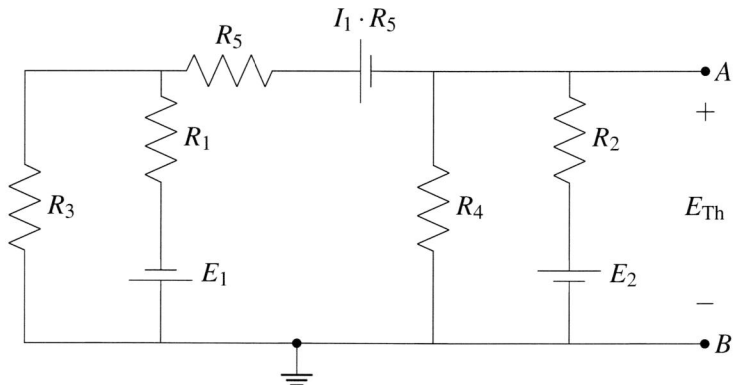

Ahora el circuito tiene tres mallas, y sólo generadores de tensión. Podemos continuar de dos formas:

1) Aplicar el método de las mallas, definiendo tres corrientes de malla, y analizar el circuito, obteniendo E_{Th}

2) Alternativamente, podemos seguir simplificando el circuito, utilizando las equivalencias entre generadores para reducir el número de mallas.

Método 1   Aplicamos el método de las mallas. Primero definimos las tres corrientes de malla:

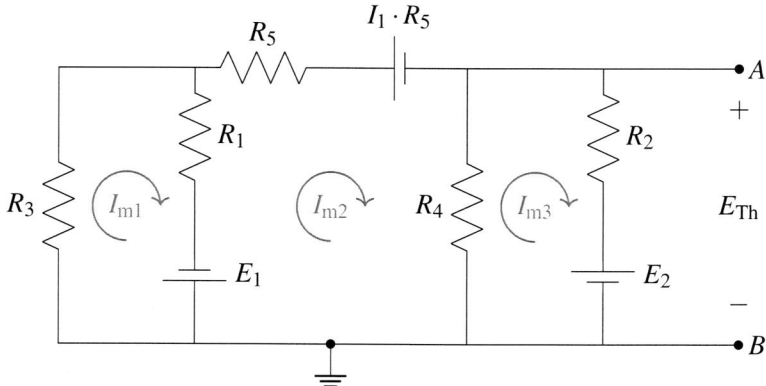

A continuación planteamos las tres ecuaciones de malla, y con ellas construimos el sistema matricial de tres ecuaciones con tres incógnitas:

$$\begin{bmatrix} R_1 + R_3 & -R_1 & 0 \\ -R_1 & R_1 + R_4 + R_5 & -R_4 \\ 0 & -R_4 & R_2 + R_4 \end{bmatrix} \begin{bmatrix} I_{m1} \\ I_{m2} \\ I_{m3} \end{bmatrix} = \begin{bmatrix} E_1 \\ -I_1 \cdot R_5 - E_1 \\ -E_2 \end{bmatrix}$$

Sustituyendo cada elemento circuital por su valor:

$$\begin{bmatrix} 2200 & -1000 & 0 \\ -1000 & 8270 & -470 \\ 0 & -470 & 570 \end{bmatrix} \begin{bmatrix} I_{m1} \\ I_{m2} \\ I_{m3} \end{bmatrix} = \begin{bmatrix} 12 \\ -18,8 \\ -10 \end{bmatrix}$$

Tras resolver el sistema, las corrientes de malla son:

$$\begin{aligned} I_{m1} &= 4,13\text{mA} \\ I_{m2} &= -2,91\text{mA} \\ I_{m3} &= -19,94\text{mA} \end{aligned}$$

Teoría de circuitos eléctricos: problemas resueltos

Finalmente, podemos ya calcular E_{Th}

$$E_{\text{Th}} = I_{m3} \cdot R_2 + E_2 = -19,94 \cdot 10^{-3} \cdot 100 + 10 = 8\text{V}$$

Método 2 Otra alternativa para obtener E_{Th} es seguir simplificando el circuito, utilizando equivalencias entre generadores, para reducir el número de mallas:

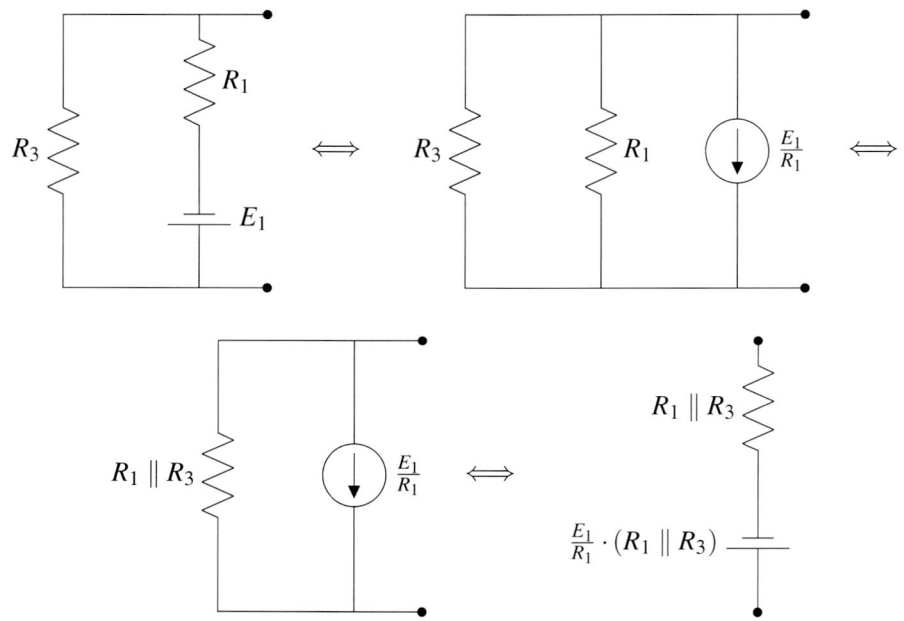

De la misma forma:

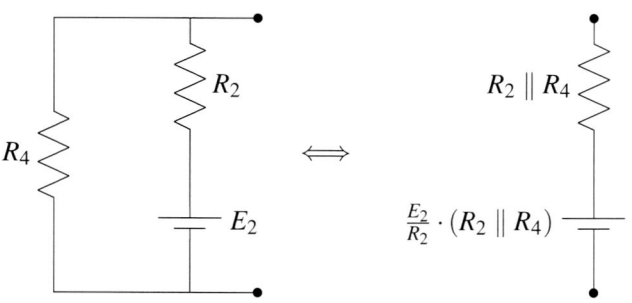

Utilizando estas equivalencias, el circuito puede reducirse a los siguiente:

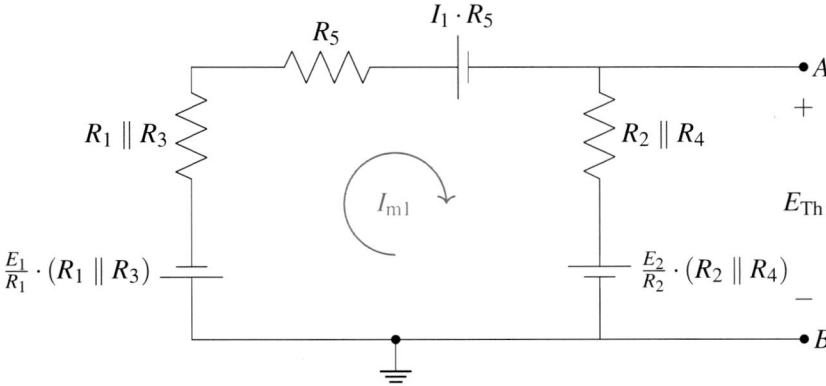

El circuito sólo tiene una malla. Planteando la ecuación de esa única malla, se obtiene:

$$(R_5 + R_1 \parallel R_3 + R_2 \parallel R_4) \cdot I_{m1} = -\frac{E_2}{R_2} \cdot (R_2 \parallel R_4) - I_1 \cdot R_5 - \frac{E_1}{R_1} \cdot (R_1 \parallel R_3)$$

Y sustituyendo cada componente por su valor:

$$7428 \cdot I_{m1} = -21,6 \rightarrow I_{m1} = -2,9\text{mA}$$

Finalmente:

$$E_{Th} = (R_2 \parallel R_4) \cdot I_{m1} + \frac{E_2}{R_2} \cdot (R_2 \parallel R_4) = 82,45 \cdot I_{m1} + 8,24 = 8\text{V}$$

Una vez hemos calculado R_{Th} y E_{Th}, podemos obtener I_N:

$$I_N = \frac{E_{Th}}{R_{Th}} = \frac{8}{81,5} = 98,2\text{mA}$$

Y los equivalentes de Thevenin y Norton quedan de la siguiente manera:

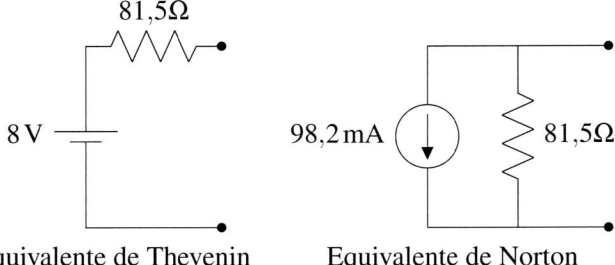

Equivalente de Thevenin   Equivalente de Norton

b) Para calcular la potencia que se está transfiriendo, sustituimos todo el circuito por su equivalente de Thevenin, le conectamos la resistencia de carga R_L, y calculamos la tensión en dicha resistencia:

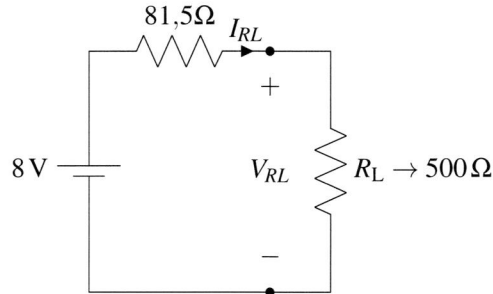

$$V_{RL} = E_{Th} \cdot \frac{R_L}{R_{Th} + R_L} = 8 \cdot \frac{500}{81,5 + 500} = 6{,}88\,\text{V}$$

$$P_{RL} = \frac{V_{RL}^2}{R_L} = \frac{6{,}88^2}{500} = 95\,\text{mW}$$

c) La máxima potencia que se puede transferir es:

$$P_{RL,max} = \frac{E_{Th}^2}{4 \cdot R_{Th}} = \frac{8^2}{4 \cdot 81,5} = 196\,\text{mW}$$

Se puede comprobar que la potencia que se está transfiriendo es inferior a la máxima posible. Es decir, $P_{RL} < P_{RL,max}$

d) Para que se transfiera la máxima potencia la resistencia de carga debe ser igual a la resistencia del equivalente de Thevenin, es decir, $R_L = R_{Th} = 81,5\,\Omega$.

Problema 17. Considere el siguiente circuito:

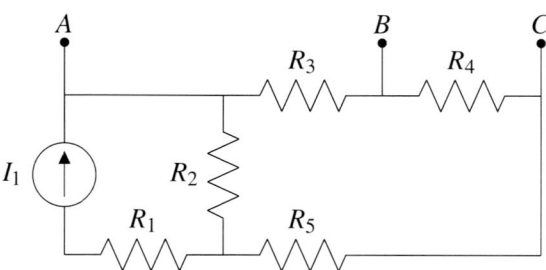

Datos: $R_1 = R_2 = 4\,\Omega, R_3 = R_4 = R_5 = 2\,\Omega, I_1 = 6$A

a) Calcule y dibuje los equivalentes de Thevenin y Norton entre los puntos A y B.

b) Determine el valor de la resistencia de carga R_L que hay que conectar entre los puntos A y B para conseguir máxima transferencia de potencia desde el circuito. Además, calcule la potencia transferida a dicha carga.

c) Calcule y dibuje los equivalentes de Thevenin y Norton entre los puntos A y C.

d) Determine la potencia transferida sobre una resistencia de carga $R_L = 7,2\,\Omega$ que se conecta entre los puntos A y C. Indique qué porcentaje representa dicha potencia sobre la máxima que dicho circuito podría transferir entre esos puntos.

Ahora incluimos una rama adicional al circuito anterior, obteniendo el siguiente circuito:

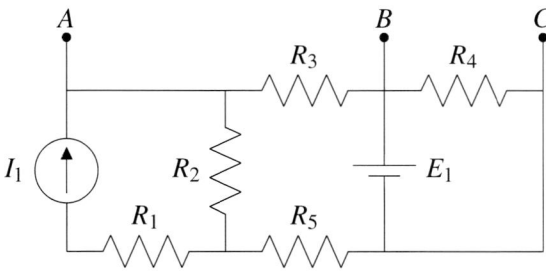

Datos: $R_1 = R_2 = 4\,\Omega, R_3 = R_4 = R_5 = 2\,\Omega, I_1 = 6$A, $E_1 = 10$V

e) Calcule y dibuje los equivalentes de Thevenin y Norton entre los puntos A y B para el nuevo circuito.

Solución:

a) Comenzamos calculando la resistencia equivalente entre los puntos A y B. Para ello desconectamos primero el generador de corriente, sustituyéndolo por un circuito abierto.

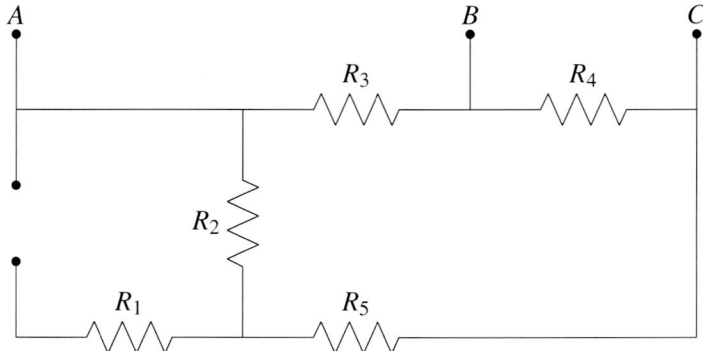

R_1 no influye en el cálculo de la resistencia equivalente al encontrarse en la rama en circuito abierto. Reorganizamos el esquemático para que se vean mejor las posibles asociaciones entre las diferentes resistencias.

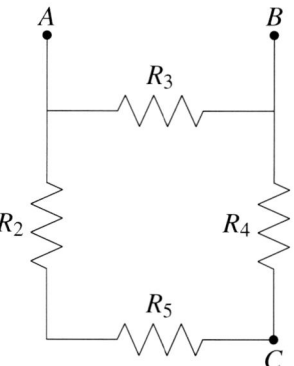

Como se puede observar claramente a partir de este último esquemático, R_2, R_5 y R_4 están en serie, y la resistencia resultante, R_{254}, está a su vez en paralelo con R_3. Con lo cuál, la resistencia equivalente se puede calcular como,

$$R_{254} = R_2 + R_5 + R_4 = 4 + 2 + 2 = 8\,\Omega$$

$$R_{\text{eq}} = \frac{R_{254} \cdot R_3}{R_{254} + R_3} = \frac{8 \cdot 2}{8 + 2} = 1{,}6\,\Omega$$

Calculamos ahora la tensión de Thevenin, E_{Th}, a partir del circuito original. E_{Th} es la tensión entre los puntos A y B, V_{AB}, que se puede calcular a partir de la corriente I_0.

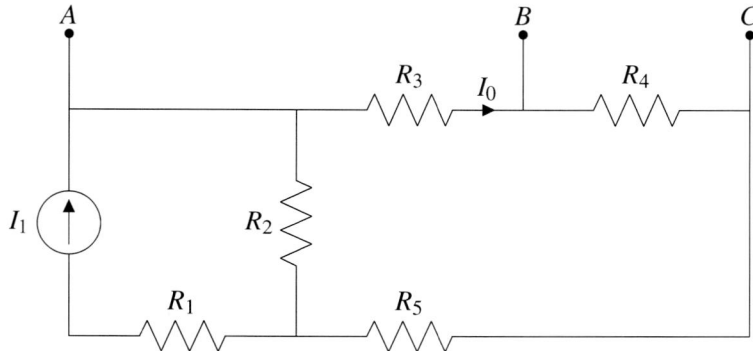

Calculamos I_0 utilizando la fórmula del divisor de corriente, teniendo en cuenta que las resistencias R_3, R_4 y R_5 están en serie, y por tanto, $R_{345} = R_3 + R_4 + R_5 = 6\,\Omega$.

$$I_0 = I_1 \frac{R_2}{R_2 + R_{345}} = 6 \cdot \frac{4}{4 + 6} = 2{,}4\,\text{A}$$

Calculamos ahora E_{Th},

$$E_{\text{Th}} = V_{AB} = I_0 \cdot R_3 = 2{,}4 \cdot 2 = 4{,}8\,\text{V}$$

La corriente de Norton, I_{N} se puede calcular a partir de E_{Th} y R_{eq} como,

$$I_{\text{N}} = \frac{E_{\text{Th}}}{R_{\text{eq}}} = \frac{4{,}8}{1{,}6} = 3\,\text{A}$$

Ahora dibujamos los equivalentes de Thevenin y de Norton,

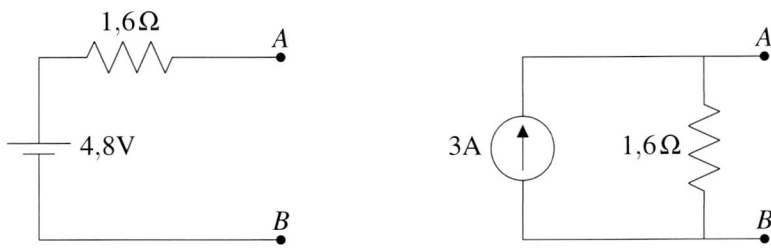

b) La resistencia de carga necesaria para conseguir máxima transferencia de potencia es,

$$R_\mathrm{L} = R_\mathrm{eq} = 1{,}6\,\Omega$$

La potencia transferida a dicha carga puede calcularse fácilmente conectando la resistencia de carga al equivalente de Norton.

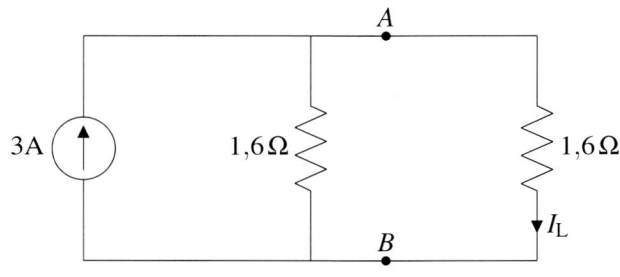

$$I_\mathrm{L} = I_\mathrm{N} \cdot \frac{R_\mathrm{eq}}{R_\mathrm{eq} + R_L} = I_\mathrm{N} \cdot \frac{R_\mathrm{eq}}{R_\mathrm{eq} + R_\mathrm{eq}} = \frac{I_N}{2} = 1{,}5\,\mathrm{A}$$

$$P_\mathrm{L}^{max} = (I_\mathrm{L})^2 \cdot R_\mathrm{L} = (1{,}5)^2 \cdot 1{,}6 = 3{,}6\,\mathrm{W}$$

c) Comenzamos calculando la resistencia equivalente entre los puntos A y C. Para ello desconectamos primero el generador de corriente, sustituyéndolo por un circuito abierto.

86

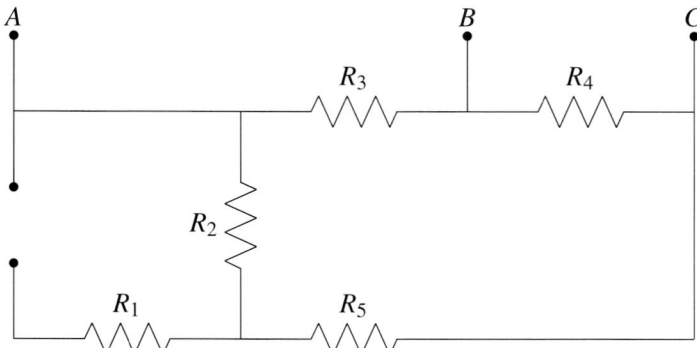

R_1 no influye en el cálculo de la resistencia equivalente al encontrarse en la rama en circuito abierto. Reorganizamos el esquemático para que se vean mejor las posibles asociaciones entre las diferentes resistencias.

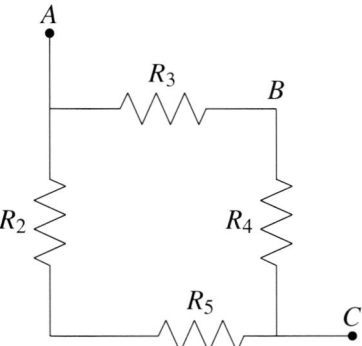

Como se puede observar claramente a partir de este último esquemático, R_2 y R_5 están en serie y se pueden agrupar en $R_{25} = R_2 + R_5 = 4 + 2 = 6\,\Omega$. Lo mismo pasa con R_3 y R_4 en la otra rama, dando lugar a $R_{34} = R_3 + R_4 = 2 + 2 = 4\,\Omega$. Finalmente, R_{25} y R_{34} están en paralelo, con lo que la resistencia equivalente se puede calcular como,

$$R_{eq} = \frac{R_{25} \cdot R_{34}}{R_{25} + R_{34}} = \frac{6 \cdot 4}{6 + 4} = 2,4\,\Omega$$

Calculamos ahora la tensión de Thevenin, E_{Th}, a partir del circuito original. E_{Th} es la tensión entre los puntos A y C, V_{AC}, que se puede calcular a partir de la corriente I_0.

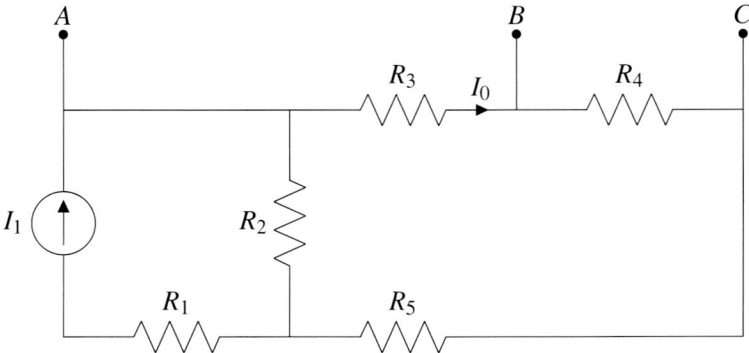

Calculamos I_0 utilizando la fórmula del divisor de corriente, teniendo en cuenta que las resistencias R_3, R_4 y R_5 están en serie, y por tanto, $R_{345} = R_3 + R_4 + R_5 = 6\,\Omega$.

$$I_0 = I_1 \frac{R_2}{R_2 + R_{345}} = 6 \cdot \frac{4}{4+6} = 2{,}4\,\text{A}$$

Calculamos ahora E_{Th},

$$E_{\text{Th}} = V_{AC} = I_0 \cdot (R_3 + R_4) = 2{,}4 \cdot (2+2) = 9{,}6\,\text{V}$$

La corriente de Norton, I_{N} se puede calcular a partir de E_{Th} y R_{eq} como,

$$I_{\text{N}} = \frac{E_{\text{Th}}}{R_{\text{eq}}} = \frac{9{,}6}{2{,}4} = 4\,\text{A}$$

Ahora dibujamos los equivalentes de Thevenin y de Norton,

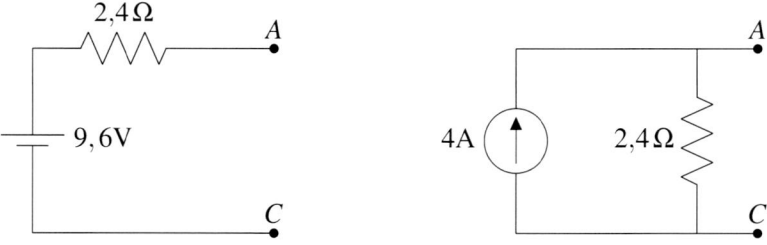

d) La potencia transferida a la resistencia de carga $R_{\text{L}} = 7{,}2\,\Omega$ puede calcularse fácilmente conectando la resistencia de carga al equivalente de Norton.

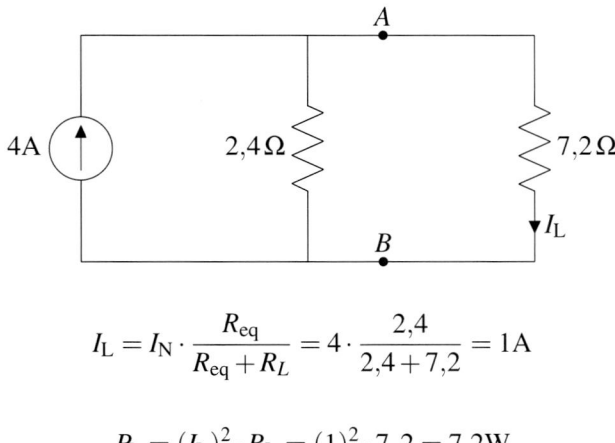

$$I_L = I_N \cdot \frac{R_{eq}}{R_{eq} + R_L} = 4 \cdot \frac{2,4}{2,4 + 7,2} = 1A$$

$$P_L = (I_L)^2 \cdot R_L = (1)^2 \cdot 7,2 = 7,2W$$

Por otro lado, la resistencia de carga necesaria para conseguir máxima transferencia de potencia es,

$$R_L = R_{eq} = 2,4\,\Omega$$

La potencia transferida a dicha carga puede calcularse fácilmente conectando la resistencia de carga al equivalente de Norton.

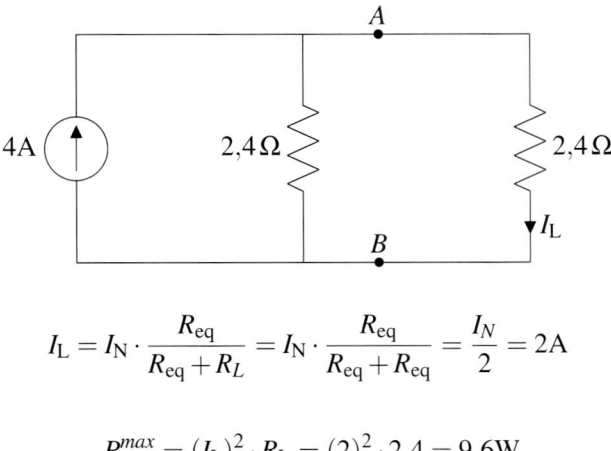

$$I_L = I_N \cdot \frac{R_{eq}}{R_{eq} + R_L} = I_N \cdot \frac{R_{eq}}{R_{eq} + R_{eq}} = \frac{I_N}{2} = 2A$$

$$P_L^{max} = (I_L)^2 \cdot R_L = (2)^2 \cdot 2,4 = 9,6W$$

Y por tanto el porcentaje de potencia transferido a la resistencia de carga $R_L = 7,2\,\Omega$ respecto de la potencia máxima que se puede transferir es,

$$\frac{P_{L}}{P_{L}^{max}} \cdot 100 = \frac{7,2}{9,6} \cdot 100 = 75\,\%$$

e) Comenzamos calculando la resistencia equivalente entre los puntos A y B. Para ello desconectamos primero el generador de corriente, sustituyéndolo por un circuito abierto, y el generador de tensión, sustituyéndolo por un cortocircuito.

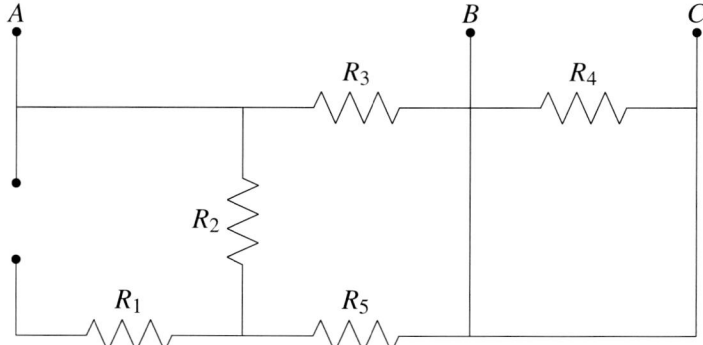

R_1 no influye en el cálculo de la resistencia equivalente al estar en serie con un circuito abierto. R_4 tampoco influye al estar en paralelo con un cortocircuito. Reorganizamos el esquemático para que se vean mejor las posibles asociaciones entre las diferentes resistencias.

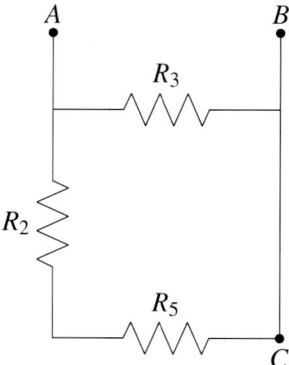

Como se puede observar claramente a partir de este último esquemático, R_2 y R_5 están en serie, y la resistencia resultante, R_{25}, está a su vez en paralelo con R_3. Con lo cuál, la resistencia equivalente se puede calcular como,

$$R_{25} = R_2 + R_5 = 4 + 2 = 6\,\Omega$$

$$R_{eq} = \frac{R_{25} \cdot R_3}{R_{25} + R_3} = \frac{6 \cdot 2}{6 + 2} = 1,5\,\Omega$$

Calculamos ahora la tensión de Thevenin, E_{Th}, a partir del circuito original. E_{Th} es la tensión entre los puntos A y B, V_{AB}, que se puede calcular a partir de la corriente I_0.

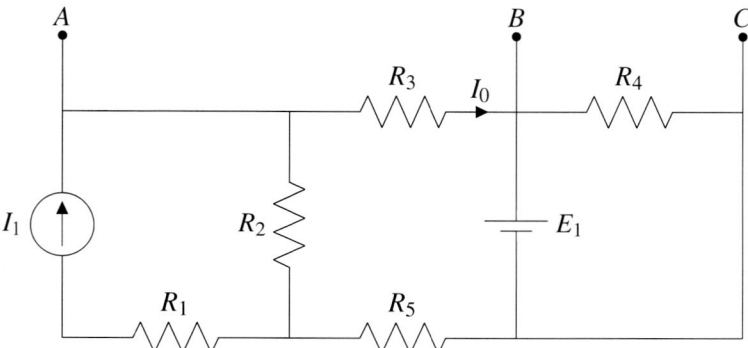

Calculamos I_0 utilizando el método de las mallas.

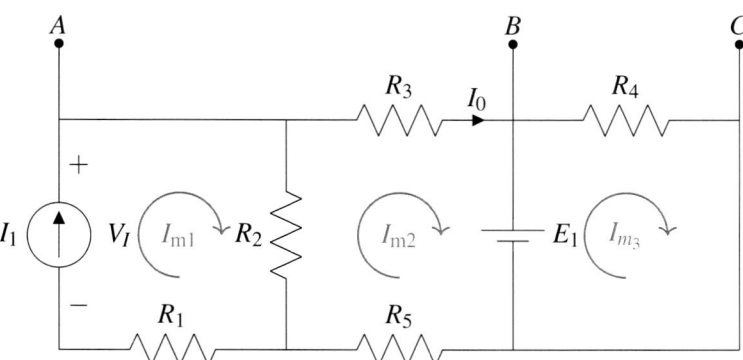

Ahora podemos ya aplicar el análisis de mallas. Si escribimos directamente el sistema matricial resultante de aplicar el análisis de mallas, obtenemos:

$$\begin{pmatrix} R_1 + R_2 & -R_2 & 0 \\ -R_2 & R_2 + R_3 + R_5 & 0 \\ 0 & 0 & R_4 \end{pmatrix} \cdot \begin{pmatrix} I_{m1} \\ I_{m2} \\ I_{m3} \end{pmatrix} = \begin{pmatrix} V_I \\ -E_1 \\ E_1 \end{pmatrix}$$

Sustituyendo el valor de cada componente:

$$\begin{pmatrix} 8 & -4 & 0 \\ -4 & 8 & 0 \\ 0 & 0 & 2 \end{pmatrix} \cdot \begin{pmatrix} 6 \\ I_{m2} \\ I_{m3} \end{pmatrix} = \begin{pmatrix} V_I \\ -10 \\ 10 \end{pmatrix}$$

La segunda ecuación del sistema matricial es,

$$-4 \cdot 6 + 8 \cdot I_{m2} = -10$$

$$I_{m2} = \frac{24 - 10}{8} = 1{,}75\text{A}$$

Con lo que podemos calcular la tensión de Thevenin como,

$$E_{Th} = V_{AB} = I_0 \cdot R_3 = I_{m2} \cdot R_3 = 1{,}75 \cdot 2 = 3{,}5\text{V}$$

La corriente de Norton, I_N se puede calcular a partir de E_{Th} y R_{eq} como,

$$I_N = \frac{R_{Th}}{R_{eq}} = \frac{3{,}5}{1{,}5} = 2{,}33\text{A}$$

Ahora dibujamos los equivalentes de Thevenin y de Norton,

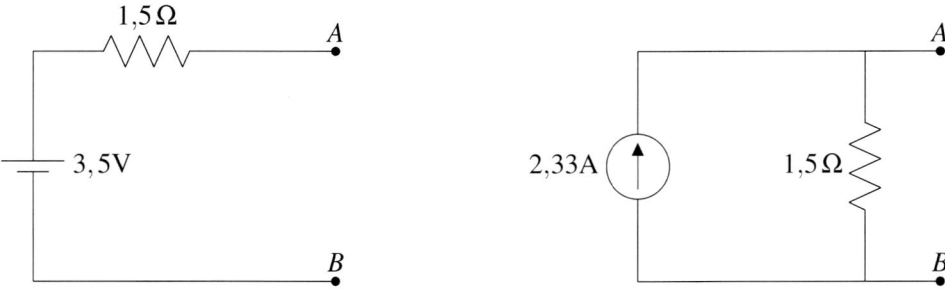

Problema 18. El siguiente esquema muestra un circuito generador conectado a una resistencia de carga.

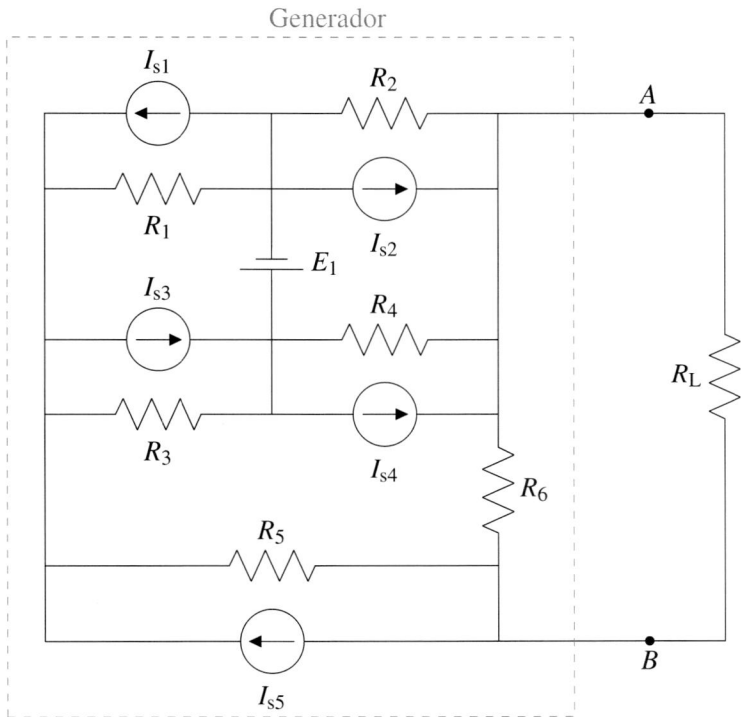

Los valores de los componentes del circuito son los siguientes:

$$R_1 = 4\,\Omega, R_2 = 5\,\Omega, R_3 = 4\,\Omega, R_4 = 3\,\Omega, R_5 = 5\,\Omega, R_6 = 2\,\Omega$$
$$I_{s1} = 5,5\text{A}, I_{s2} = 1,6\text{A}, I_{s3} = 2,5\text{A}, I_{s4} = 1,333\text{A}, I_{s5} = 7,6\text{A}$$
$$E_1 = 48\text{V}$$

Calcule:

a) La resistencia del equivalente de Thevenin (R_{Th}) del generador entre los puntos A y B.

b) La tensión del equivalente de Thevenin E_{Th} del generador entre los puntos A y B. Se recomienda utilizar la equivalencia entre generadores para simplificar el circuito.

c) A partir de los valores obtenidos en los apartados anteriores, dibuje el circuito equivalente de Norton del generador indicando los valores de sus componentes.

d) Calcule la la potencia máxima que puede entregar el generador a la carga.

e) Calcule cuánto debe valer R_L para máxima transferencia de potencia.

f) Calcula la potencia qué se entregará si $R_L = 10\,\Omega$.

Solución

a) Para calcular R_{Th} entre A y B, en primer lugar eliminamos la resistencia de carga, y desconectamos todas las fuentes:

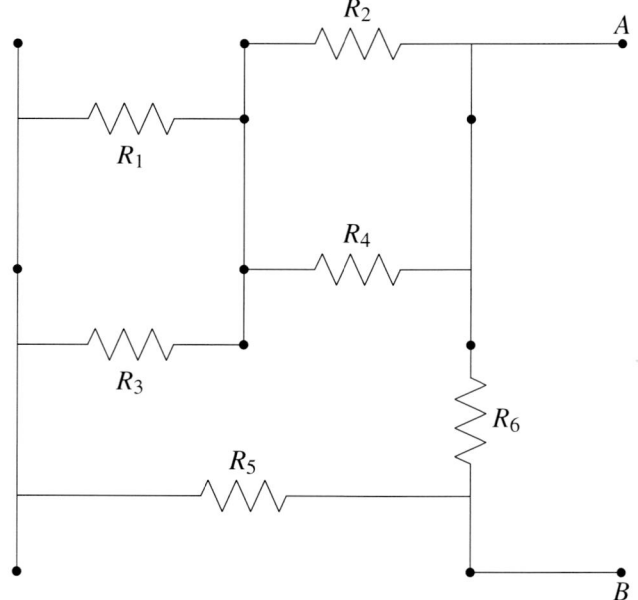

Ahora debemos reducir el circuito a una sola resistencia entre A y B, cuyo valor será R_{Th}. Para ello, en primer lugar, arreglamos un poco el circuito, para que sea más fácil entenderlo:

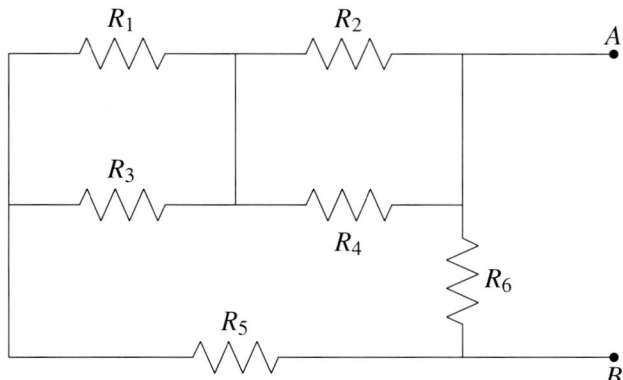

Para entender mejor qué resistencias están en paralelo y qué resistencias en serie, puede ayudar identificar los nodos del circuito. En este caso, hay 4 nodos tal y como se indica en el circuito mostrado más abajo:

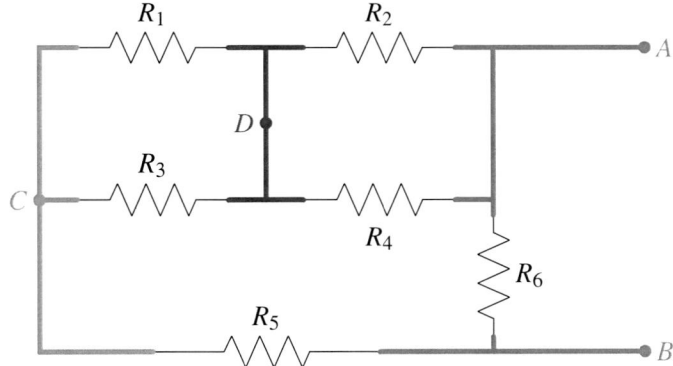

Podemos ahora redibujar el circuito representando cada nodo como un sólo punto, lo que puede ayudar a entender aún mejor el circuito:

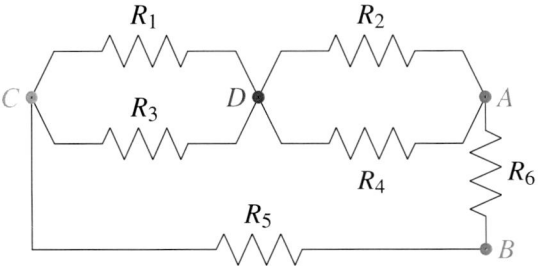

Podemos ver ahora claramente cómo las resistencias R_2 y R_4 están en paralelo, y las resistencias R_1 y R_3 también. Llamando R_{24} y R_{13} al resultado de las asociaciones en paralelo, nos queda:

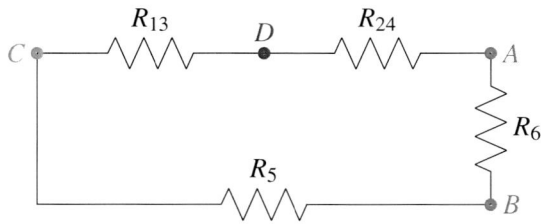

donde:

$$R_{24} = \frac{R_2 \cdot R_4}{R_2 + R_4} = \frac{5 \cdot 3}{5 + 3} = 1{,}875\,\Omega$$

$$R_{13} = \frac{R_1 \cdot R_3}{R_1 + R_3} = \frac{4 \cdot 4}{4 + 4} = 2\,\Omega$$

Ahora las resistencias R_{24}, R_{13} y R_5 están en serie, y se pueden sustituir por una sola resistencia, a la que podemos llamar R_s, cuyo valor sería:

$$R_s = R_{24} + R_{13} + R_5 = 1{,}875 + 2 + 5 = 8{,}875\,\Omega$$

Y el circuito quedaría:

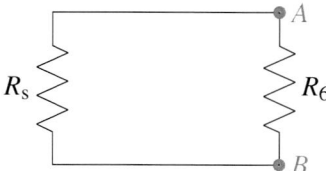

R_s y R_6 están en paralelo, y, finalmente, las podemos reducir a una sola resistencia entre A y B cuyo valor, R_{Th} es:

$$R_{Th} = R_s \parallel R_6 = \frac{R_s \cdot R_6}{R_s + R_6} = \frac{8{,}875 \cdot 2}{8{,}875 + 2} = 1{,}63\,\Omega$$

b) Para calcular E_{Th} hay que eliminar la resistencia de carga, y calcula la tensión en circuito abierto, que será el valor E_{Th} buscado:

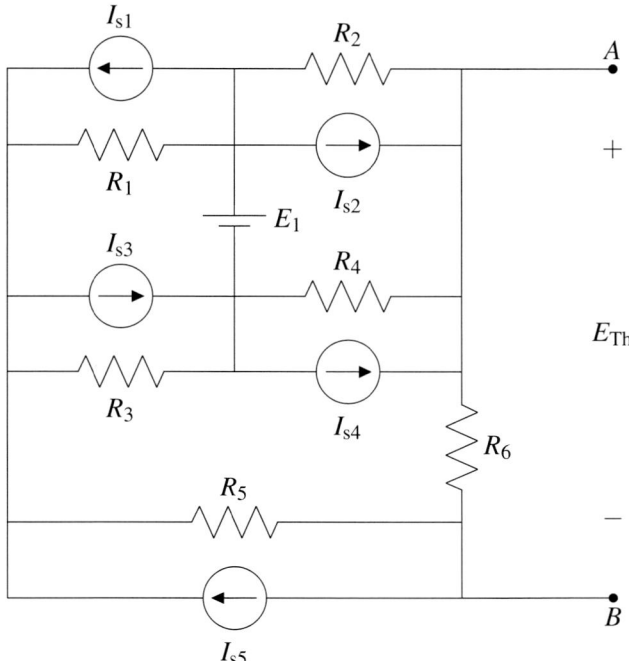

Para poder aplicar análisis de mallas me molestan los generadores de corriente. Pero como todos esos generadores de corriente están en paralelo con una resistencia, podemos usar equivalencia entre generadores y convertirlos en generadores de tensión, con lo que, además, reducimos el número de mallas:

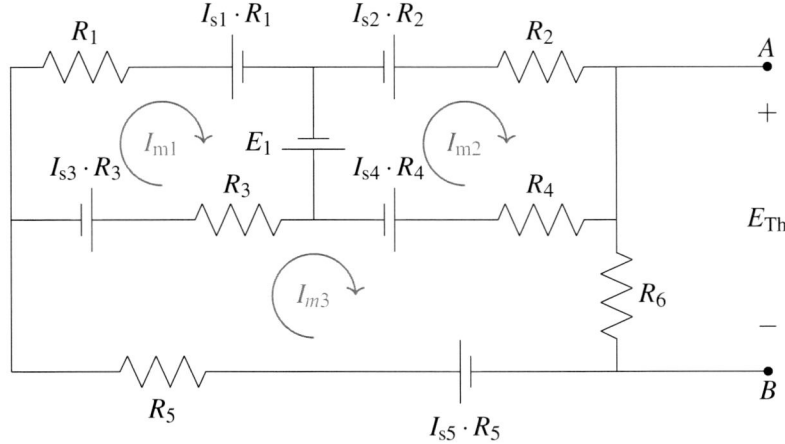

Ahora podemos ya aplicar el análisis de mallas. Si escribimos directamente el sistema matricial resultante de aplicar el análisis de mallas, obtenemos:

$$\begin{pmatrix} R_1+R_3 & 0 & -R_3 \\ 0 & R_2+R_4 & -R_4 \\ -R_3 & -R_4 & R_3+R_4+R_5+R_6 \end{pmatrix} \cdot \begin{pmatrix} I_{m1} \\ I_{m2} \\ I_{m3} \end{pmatrix} = \begin{pmatrix} E_1-I_{s1}\cdot R_1 - I_{s3}\cdot R_3 \\ I_{s2}\cdot R_2 - E_1 - I_{s4}\cdot R_4 \\ I_{s4}\cdot R_4 + I_{s3}\cdot R_3 + I_{s5}\cdot R_5 \end{pmatrix}$$

Sustituyendo el valor de cada componente:

$$\begin{pmatrix} 8 & 0 & -4 \\ 0 & 8 & -3 \\ -4 & -3 & 14 \end{pmatrix} \cdot \begin{pmatrix} I_{m1} \\ I_{m2} \\ I_{m3} \end{pmatrix} = \begin{pmatrix} 16 \\ -44 \\ 52 \end{pmatrix}$$

Resolviendo el sistema de ecuaciones, obtenemos:

$$I_{m1} = 4\text{A}$$
$$I_{m2} = -4\text{A}$$
$$I_{m3} = 4\text{A}$$

Ahora ya podemos calcular E_{Th}:

$$E_{\text{Th}} = R_6 \cdot I_{m3} = 2 \cdot 4 = 8\text{V}$$

Y, por lo tanto, el equivalente de Thevenin es:

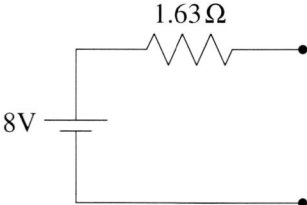

c) El equivalente de Norton es:

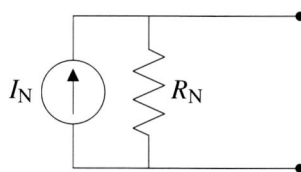

donde:

$$R_N = R_{Th} = 1{,}63\,\Omega$$

$$I_N = \frac{E_{Th}}{R_{Th}} = \frac{8}{1{,}63} = 4{,}9A$$

Por tanto, finalmente, el equivalente de Norton queda así:

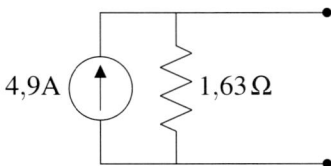

d) Según el teorema de máxima transferencia de potencia, la potencia máxima que puede entregar el generador a la carga se da cuando la carga R_L es igual a R_{Th}:

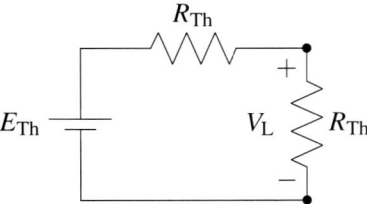

En esas circunstancias, la tensión V_L es:

$$V_L = E_{Th} \cdot \frac{R_{Th}}{R_{Th} + R_{Th}} = \frac{E_{Th}}{2}$$

Y la potencia en la resistencia de carga (máxima potencia que el generador puede entregar) es:

$$P_L = \frac{V_L^2}{R_{Th}} = \frac{E_{Th}^2}{4 \cdot R_{Th}}$$

Que en este caso, sustituyendo E_{Th} y R_{Th}, es:

$$P_L = \frac{E_{Th}^2}{4 \cdot R_{Th}} = \frac{8^2}{4 \cdot 1{,}63} = 9{,}82W$$

e) Como ya se ha dicho, para máxima transferencia de potencia R_L debe ser igual a R_{Th}, es decir, $1,63\,\Omega$.

Si $R_L = 10\,\Omega$, el circuito quedaría de la siguiente manera:

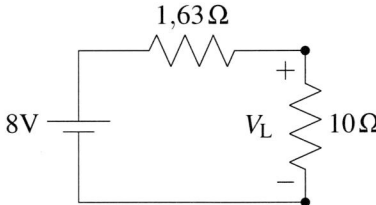

Ahora, la tensión V_L es:

$$V_L = 8 \cdot \frac{10}{1,63 + 10} = 6,88\,V$$

Y la potencia en la resistencia de carga será:

$$P_L = \frac{V_L^2}{10} = \frac{6,88^2}{10} = 4,7\,W$$

En ese caso, como era de esperar, la potencia entregada es inferior a la potencia máxima, ya que $R_L \neq R_{Th}$.

Capítulo 3

Condensadores y bobinas

Descripción y objetivos de los problemas

En este capítulo se aborda el análisis de circuitos en corriente continua (DC) que incorporan componentes reactivos: condensadores y bobinas. A diferencia de las resistencias, que disipan energía, estos componentes poseen la capacidad de almacenar energía en campos eléctricos (condensadores) y magnéticos (bobinas), respectivamente. Esta capacidad de almacenamiento energético es el eje de su comportamiento dinámico, especialmente ante cambios en las condiciones de excitación del circuito las cuales dan lugar a una respuesta temporal transitoria. Este capítulo actúa como un eslabón crucial, proporcionando una base sólida para el análisis de circuitos de corriente alterna.

Los **problemas del 1 al 4** están dedicados al análisis de circuitos en régimen permanente. En régimen permanente, los condensadores se comportan como circuitos abiertos ideales, lo que implica que no fluye corriente a través de ellos. Por otra parte, las bobinas se comportan como cortocircuitos ideales, lo que significa que no hay caída de tensión a través de ellas. Los problemas propuestos abordan aspectos básicos tales como el cálculo de la energía almacenada en condensadores y bobinas.

A continuación, los **problemas del 5 al 11** están dedicados al análisis de la respuesta transitoria iniciada por la operación de uno o más interruptores en el circuito. La acción de un interruptor inicia un proceso de carga o descarga del componente reactivo (condensador o bobina) que dependerá de las condiciones previas a la acción del interruptor. El análisis se ciñe a circuitos de una sola malla con máximo un condensador o una bobina ya que permite el uso de una expresión temporal sencilla para el cálculo de la corriente y tensión en el componente reactivo, evitando así la necesidad de resolver sistemas de ecuaciones diferenciales. De esta forma, el lector debe hacer uso del teorema de Thevenin para simplificar circuitos más complejos conectados al elemento reactivo reduciendo así el circuito resultante a una sola malla. Además, los **problemas del 8 al 10** introducen múltiples componentes reactivos conectados en serie y paralelo y que por tanto pueden agruparse para resultar en un solo componente.

Por último, el **problema 11** no está resuelto y se indica solo la solución para que el lector pueda poner a prueba los conocimientos adquiridos.

Problema 1. Considere el siguiente circuito en régimen permanente y calcule la energía almacenada en los condesadores C_1 y C_2 (W_{C_1} y W_{C_2}) y la corriente que circula por la resistencia R_3 (I_{R_3}).

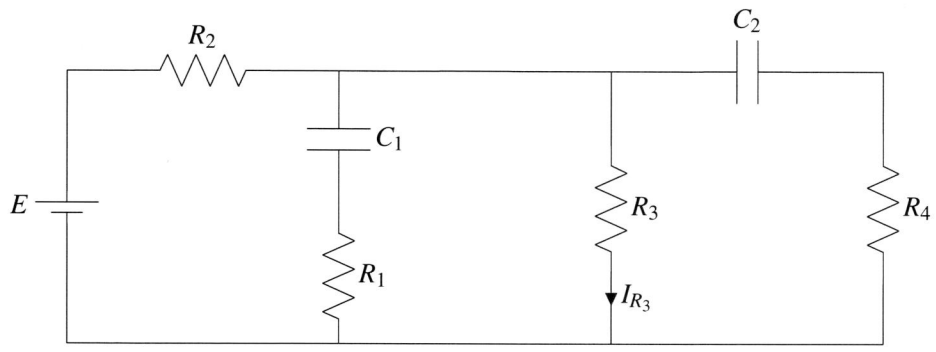

Datos:

$$E = 6 \text{ V}$$
$$R_1 = 3 \text{ }\Omega, \ R_2 = 1 \text{ }\Omega, \ R_3 = 2 \text{ }\Omega, \ R_4 = 5 \text{ }\Omega$$
$$C_1 = 1 \text{ }\mu\text{F}, \ C_2 = 2 \text{ }\mu\text{F}$$

Solución

El circuito se encuentra en régimen permanente, por lo que la corriente por los condensadores C_1 y C_2 es nula. Como consecuencia, el circuito se simplifica de la siguiente forma:

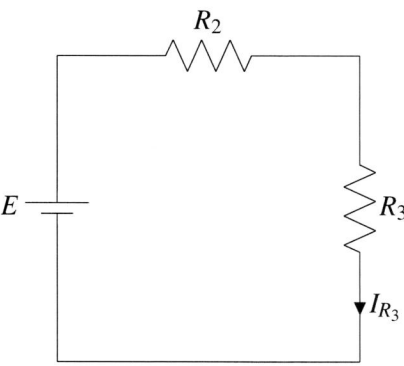

La corriente que circula por la resistencia R_3 (I_{R_3}) se puede obtener aplicando la LKT a la malla del circuito anterior junto con la ley de Ohm. De esta forma

$$I_{R_3} = \frac{E}{R_1 + R_3} = \frac{6}{3} = 2 \text{ A}.$$

Por otro lado, para el cálculo de las energías almacenas por los condensadores C_1 y C_2 (W_{C_1} y W_{C_2}) es necesario obtener la tensión en estos elementos. Debido a que por las resistencias R_1 y R_4 no circula corriente, la tensión en ambos condensadores será igual a la de R_3 al encontrarse las ramas de estos tres elementos en paralelo. Esto es, $V_{C_1} = V_{C_2} = V_{R_3} = I_{R_3} \cdot R_3 = 4$ V. Por lo tanto:

$$W_{C_1} = \frac{1}{2} C_1 V_{C_1}^2 = \frac{1}{2} \cdot 10^{-6} \cdot 4^2 = 8 \ \mu\text{J}$$

$$W_{C_2} = \frac{1}{2} C_2 V_{C_2}^2 = \frac{1}{2} \cdot 2 \cdot 10^{-6} \cdot 4^2 = 16 \ \mu\text{J}$$

Problema 2. Considere el siguiente circuito en régimen permanente y calcule la energía almacenada en los elementos C_1, C_2 y L (W_{C_1}, W_{C_2} y W_L).

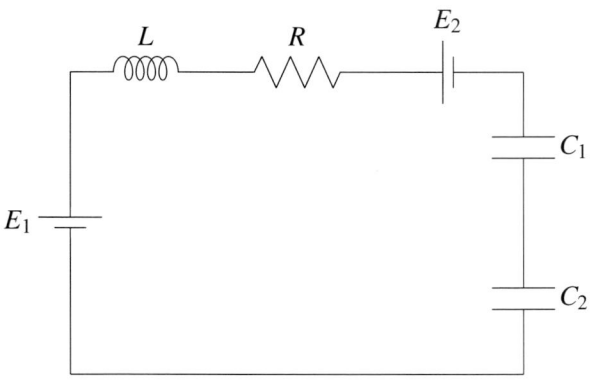

Datos:
$$E_1 = 3 \text{ V}, E_2 = 2 \text{ V}$$
$$R = 1 \text{ } \Omega$$
$$C_1 = 1 \text{ } \mu\text{F}, C_2 = 2 \text{ } \mu\text{F}$$
$$L = 1 \text{ nH}$$

Solución

El circuito en régimen permanente queda abierto por los condesadores C_1 y C_2. Como consecuencia, la corriente del circuto, I, y por ende de la bobina L, es nula. De esta forma:

$$W_L = \frac{1}{2}LI^2 = 0 \text{ J}.$$

Por otro lado, para determinar la energía almacenada por los condensadores C_1 y C_2 es necesario obtener las tensiones V_{C_1} y V_{C_2} de estos condesadores. Para tal fin, utilizamos la propiedad de que la carga almacenada en los condensadores en serie es la misma en cada uno de ellos ($Q_1 = Q_2 = Q$)) y la relación $Q = CV$:

$$C_1 V_{C_1} = C_2 V_{C_2} = C_{eq}V$$

donde C_{eq} es la capacidad equivalente de los condensadores C_1 y C_2, la cual se puede calcular como $C_{eq} = (C_1 C_2)/(C_1 + C_2) = 2/3 \text{ } \mu\text{F}$, y V es la tensión que hay entre C_1 y

C_2, la cual se puede obtener fácilmente aplicando la ley de Kirchhoff de las tensiones y resultando $V = -E_2 + E_1 = 1$ V. Así, sustituyendo en la expresión anterior se obtiene que $V_{C_1} = 2/3$ V y $V_{C_2} = 1/3$ V. Finalmente, las energías almacenadas se calculan a partir de:

$$W_{C_1} = \frac{1}{2}C_1 V_{C_1}^2 = \frac{1}{2} \cdot 10^{-6} \cdot \left(\frac{2}{3}\right)^2 = \frac{2}{9} \, \mu J$$

$$W_{C_2} = \frac{1}{2}C_2 V_{C_2}^2 = \frac{1}{2} \cdot 2 \cdot 10^{-6} \cdot \left(\frac{2}{3}\right)^2 = \frac{1}{9} \, \mu J$$

Problema 3. Considere el siguiente circuito en régimen permanente y calcule la tensión entre los puntos A y B (V_{AB}), la potencia disipada por R_1 (P_{R_1}) y la energía almacenada por el condesandor C_1 y la bobina L_2 (W_{C_1} y W_{L_2}).

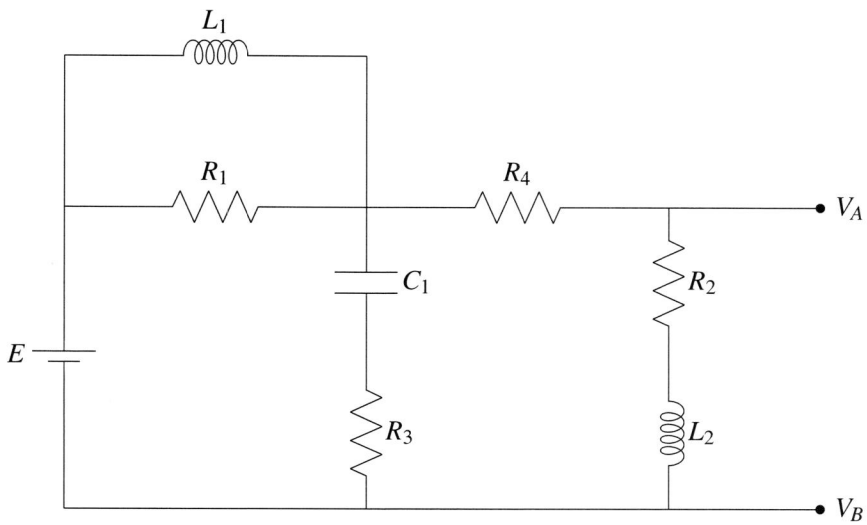

Datos:

$$E = 5 \text{ V}$$
$$R_1 = 1 \ \Omega, \ R_2 = R_3 = 2 \ \Omega, \ R_4 = 3 \ \Omega$$
$$C_1 = \text{ pF}$$
$$L_1 = L_2 = 1 \text{ nH}$$

Solución

En régimen permanente el circuito quedaría simplificado como se muestra en la figura a continuación. La bobina L_2 se transforma en un cortocircuito, haciendo que no circule corriente por la resistencia R_1 que está en paralelo. Por otro lado, el condensador C_1 se transforma en un circuito abierto, haciendo que no circule corriente por esa rama del circuito. Además, la bobina L_2 se transforma en otro cortocircuito.

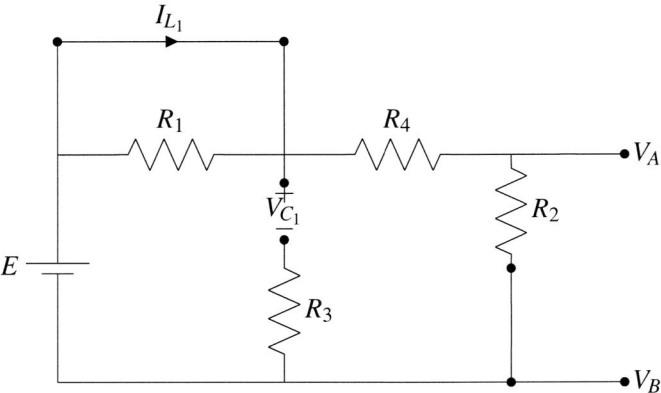

De esta forma, la tensión entre los puntos A y B se puede calcular como un divisor de tensión entre las resistencias R_4 y R_2:

$$V_{AB} = E\frac{R_2}{R_2 + R_4} = 5\frac{2}{3+2} = 2 \text{ V}.$$

La potencia disipada por R_1 es cero ya que no circula corriente por esta. Finalmente, la energía almacenada por L_2 y C_1 se obtiene a partir de la corriente que circula por R_2 y la tensión que hay en C_1, respectivamente. La corriente I_{R_2} se obtiene como $I_{R_2} = E/(R_4 + R_2) = 1$ A. Mientras que la tensión $V_{C_1} = E = 5$ V al estar la rama de C_1 en paralelo con la fuente E y no circular corriente por R_3. Como consecuencia:

$$W_{L_2} = \frac{1}{2}L_2 I_{R_2}^2 = \frac{1}{2} \cdot 10^{-9} \cdot 1^2 = 500 \text{ pJ}$$

$$W_{C_1} = \frac{1}{2}C_1 V_{C_1}^2 = \frac{1}{2} \cdot 10^{-12} \cdot 5^2 = 12{,}5 \text{ pJ}$$

Problema 4. Considere el siguiente circuito en régimen permanente y calcule:

a) La energía almacenada en el condensador C_1 (W_{C_1}).

b) La energía almacenada en las bobinas L_1 y L_2 $(W_{L_1}$ y $W_{L_2})$.

c) La potencia en el generador de corriente I (P_I).

d) La carga almacenada en los condensadores C_2 y C_3 $(Q_{C_2}$ y $Q_{C_3})$.

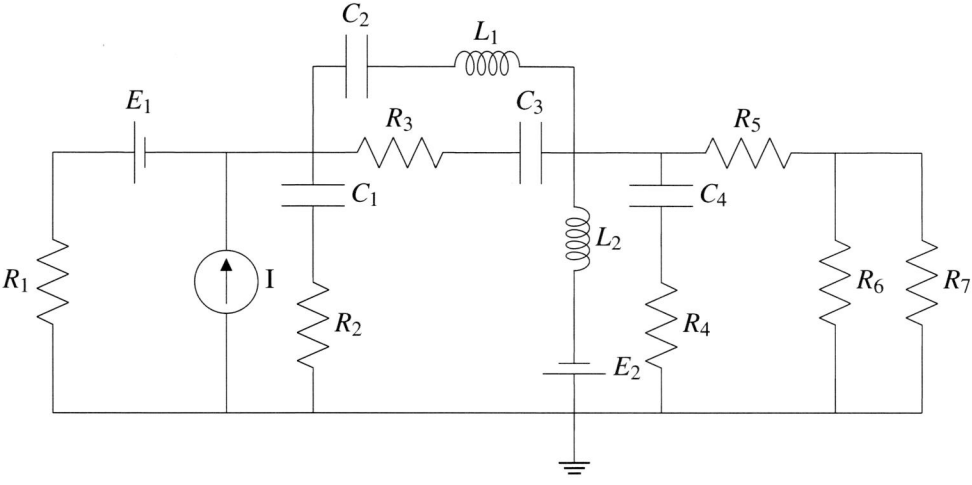

Datos:
$$E_1 = 5 \text{ V}, \ E_2 = 20 \text{ V}$$
$$I = 1 \text{ mA}$$
$$R_1 = R_2 = R_3 = R_4 = R_5 = 1 \text{ k}\Omega, \ R_6 = R_7 = 2 \text{ k}\Omega$$
$$C_1 = C_2 = C_3 = C_4 = C_5 = 1 \text{ }\mu F$$
$$L_1 = L_2 = 10 \text{ nH}$$

Solución

En primer lugar vamos a simplificar el circuito al trabajar en régimen permanente, donde bajo estas condiciones las bobinas y condensadores se transforman en cortocircuitos y circuitos abiertos, respectivamente.

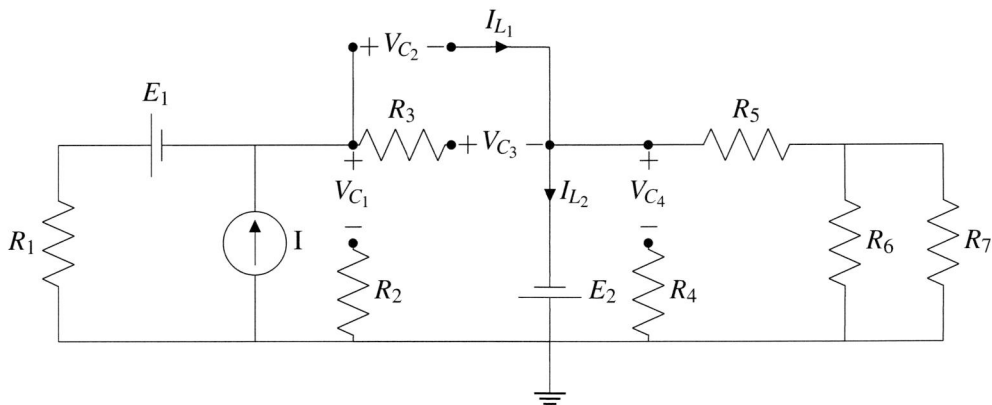

a) Para determinar la energía almacenada en C_1 es necesario obtener la tensión que cae en este condensador (V_{C_1}). Para tal fin observamos que la rama de C_1 está en paralelo con la rama externa izquierda del circuito formado por E_1 y R_1. Ya que la tensión de R_2 es cero al no circular corriente, la tensión $V_{C_1} = -E_1 + V_{R_1}$, donde V_{R_1} se puede obtener a través de la ley de Ohm como $V_{R_1} = IR_1$. Así, $V_{C_1} = 5 + (10^{-3} \cdot 10^3) = -4$ V y la energía almacenada en C_1 es:

$$W_{C_1} = \frac{1}{2}C_1 V_{C_1}^2 = \frac{1}{2} \cdot 10^{-6} \cdot (-4)^2 = 8 \ \mu\text{J}.$$

b) El valor de W_{L_1} es cero debido a que el circuito está abierto por la rama formada por C_2 y L_1 y por lo tanto no circula corriente. Por otro lado, para calcular la energía almacenada por L_2 es necesario obtener el valor de la corriente I_{L_2}. Esta se puede calcular aplicando LKT y la ley de Ohm sobre la malla formada por E_2, R_5 y $R_6//R_7$, quedando:

$$I_{L_2} = \frac{E_2}{R_5 + (R_6//R_7)} = \frac{20}{2 \cdot 10^3} = 10 \ \text{mA}.$$

Así, el valor de W_{L_2} sería:

$$W_{L_2} = \frac{1}{2}L_2 I_{L_2}^2 = \frac{1}{2} \cdot 10^{-2} \cdot (10^{-2})^2 = 500 \text{ nJ}.$$

c) La tensión que hay en el generador de corriente I es la misma que la tensión en el condensador V_{C_1} al estar ambas ramas en paralelo, $V_I = V_{C_1}$. Por lo tanto, la potencia en el generador I se calcula mediante la siguiente expresión, considerando que la corriente tiene sentido opuesto a la tensión:

$$P_I = V_I(-I) = (-4) \cdot (-10^{-3}) = 4 \text{ mW (Potencia absorbida).}$$

d) Para el cálculo de la carga almacenada en C_2 y C_3 es necesario obtener las tensión en estos condensadores, las cuales observando el circuito simplificado nos damos cuenta que son iguales ya que por R_3 no circula corriente. De esta forma, $V_{C_2} = V_{C_3} = V_{C_1} + E_2 = -4 + 20 = 16$ V. De esta forma, los valores de Q_{C_2} y Q_{C_3} serán:

$$Q_{C_2} = C_2 V_{C_2} = 10^{-6} \cdot 16 = 16 \ \mu C$$

$$Q_{C_3} = C_3 V_{C_3} = 10^{-6} \cdot 16 = 16 \ \mu C.$$

Problema 5. Considere el siguiente circuito:

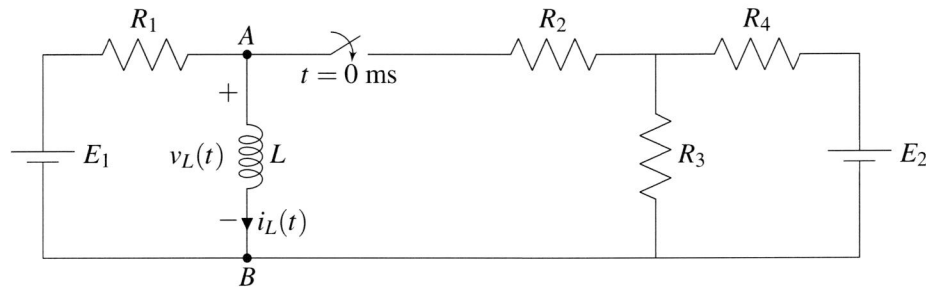

Datos:

$$R_1 = 6\,\Omega,\, R_2 = 6\,\Omega,\, R_3 = 6\,\Omega,\, R_4 = 12\,\Omega,\, L = 9\text{mH},\, E_1 = 6\text{V},\, E_2 = 12\text{V}$$

Calcule:

a) La corriente en la bobina justo antes de que se cierre el interruptor.

b) La corriente en la bobina tras alcanzar un nuevo régimen permanente una vez finalizado el transitorio.

c) El equivalente de Thevenin entre los puntos A y B de todo el circuito excepto de la bobina con el interruptor cerrado.

d) La duración del transitorio que se produce tras el cierre del interruptor.

e) La expresión de la tensión $v_L(t)$ y la corriente $i_L(t)$ en la bobina durante el transitorio.

f) La tensión, la corriente, la potencia y la energía en la bobina en el instante $t = 5$ ms.

Solución

a) Justo antes de que se cierre el interruptor, la bobina está en régimen permanente, y se comporta como un cortocircuito. Teniendo eso en cuenta, y que al estar el interruptor abierto no circula corriente por toda la parte derecha del circuito, el circuito que queda para $t = 0^-$ ms es el siguiente:

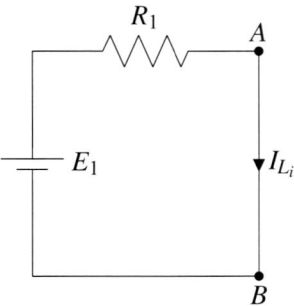

Podemos comprobar que la corriente por la bobina para $t = 0^-$ ms es:

$$I_{L_i} = \frac{E_1}{R_1} = \frac{6}{6} = 1\,\text{A}$$

b) Una vez finalizado el transitorio, con el interruptor cerrado y la bobina comportándose de nuevo como cortocircuito, el circuito queda de la siguiente manera:

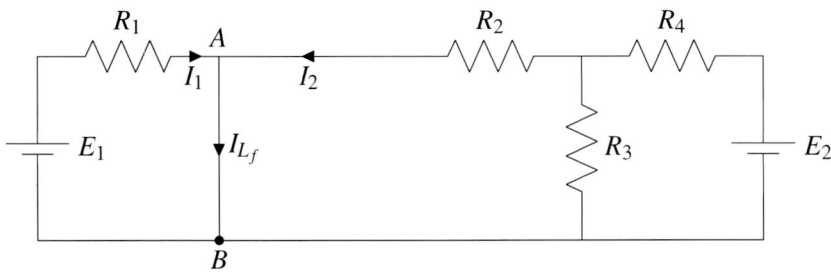

Donde $I_{L_f} = I_1 + I_2$.

Haciendo equivalencia entre generadores:

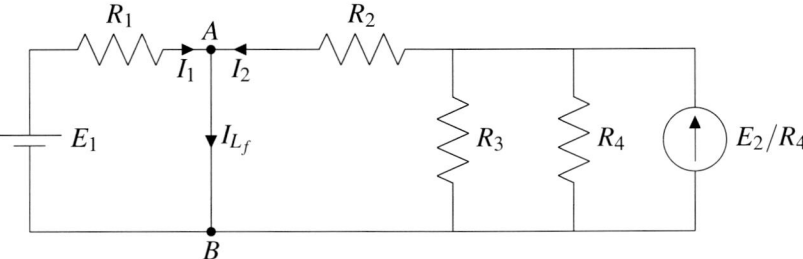

Y agrupando resistencias:

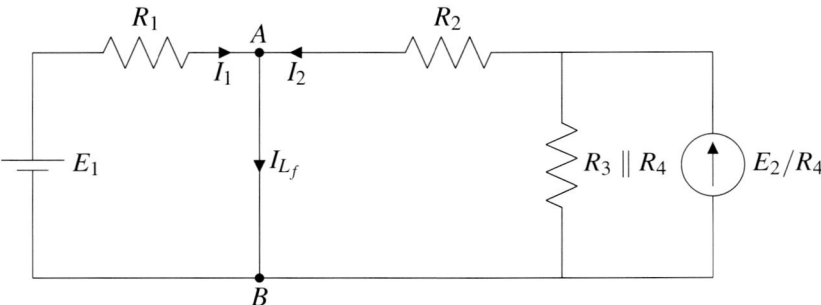

Por tanto:

$$I_1 = \frac{E_1}{R_1} = \frac{6}{6} = 1\,\text{A}$$

$$I_2 = \frac{E_2}{R_4} \cdot \frac{R_3 \parallel R_4}{R_2 + R_3 \parallel R_4} = \frac{12}{12} \cdot \frac{4}{6+4} = 0,4\,\text{A}$$

$$I_{L_f} = I_1 + I_2 = 1 + 0,4 = 1,4\,\text{A}$$

c) Primero calcularemos R_{Th}. Para ello desconectamos los generadores y reducimos todas las resistencias entre A y B a una sola:

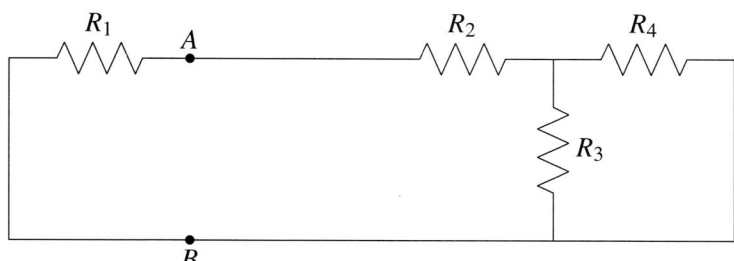

Vamos agrupando resistencias:

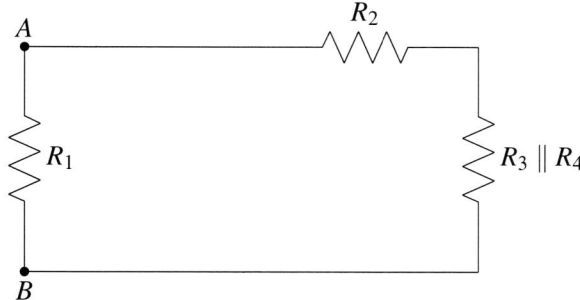

Con lo que:

$$R_{Th} = R_1 \parallel (R_2 + (R_3 \parallel R_4)) = 3,75\,\Omega$$

Para calcular E_{Th} en el circuito original quitamos la bobina y calculamos la tensión entre A y B con circuito abierto entre esos nodos:

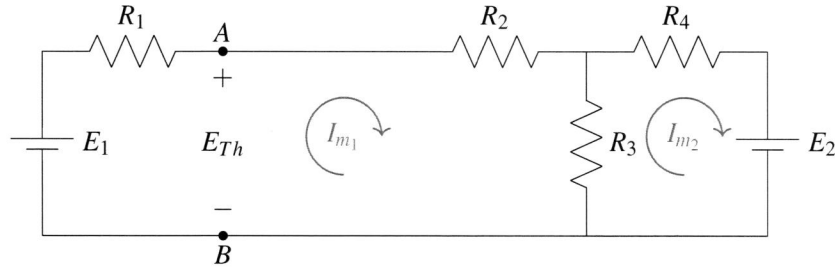

115

Aplicando el método de las mallas:

$$\begin{bmatrix} R_1 + R_2 + R_3 & -R_3 \\ -R_3 & R_3 + R_4 \end{bmatrix} \cdot \begin{bmatrix} I_{m_1} \\ I_{m_2} \end{bmatrix} = \begin{bmatrix} E_1 \\ -E_2 \end{bmatrix}$$

$$\begin{bmatrix} 18 & -6 \\ -6 & 18 \end{bmatrix} \cdot \begin{bmatrix} I_{m_1} \\ I_{m_2} \end{bmatrix} = \begin{bmatrix} 6 \\ -12 \end{bmatrix}$$

Resolviendo el sistema, obtenemos que $I_{m_1} = 0{,}125\,\text{A}$ e $I_{m_2} = -0{,}625\,\text{A}$.

Finalmente:

$$E_{Th} = -I_{m_1} \cdot R_1 + E_1 = -0{,}125 \cdot 6 + 6 = 5{,}25\,\text{V}$$

d) El transitorio dura 5 veces la constante de tiempo. Y la constante de tiempo es:

$$\tau = \frac{L}{R_{Th}} = \frac{9 \cdot 10^{-3}}{3{,}75} = 2{,}4\,\text{ms}$$

Por tanto el transitorio dura $5\tau = 12\,\text{ms}$.

e) Las expresiones de la tensión y la corriente en la bobina durante el transitorio ($t \in [0, 12]$ ms) son:

$$i_L(t) = I_{Lf} - \left(I_{Lf} - I_{Li}\right) \cdot e^{-\frac{(t-T_0)}{\tau}}\ \text{A}$$

$$v_L(t) = \left(I_{Lf} - I_{Li}\right) \cdot R_{Th} \cdot e^{-\frac{(t-T_0)}{\tau}}\ \text{V}$$

donde, en este caso:

$$
\begin{aligned}
I_{Li} &= 1\,\text{A} \\
I_{Lf} &= 1{,}4\,\text{A} \\
T_0 &= 0\,\text{ms} \\
\tau &= 2{,}4\,\text{ms} \\
R_{Th} &= 3{,}75\,\Omega
\end{aligned}
$$

Por tanto:

$$i_L(t) \;=\; 1{,}4 - 0{,}4 \cdot e^{-\frac{t(\text{ms})}{2{,}4}} \;\text{A}$$

$$v_L(t) \;=\; 1{,}5 \cdot e^{-\frac{t(\text{ms})}{2{,}4}} \;\text{V}$$

f) Utilizando las expresiones anteriores:

$$i_L(t = 5\,\text{ms}) \;=\; 1{,}4 - 0{,}4 \cdot e^{-\frac{5}{2{,}4}} = 1{,}35 \text{ A}$$

$$v_L(t = 5\,\text{ms}) \;=\; 1{,}5 \cdot e^{-\frac{5}{2{,}4}} = 0{,}187 \text{ V}$$

$$P_L(t = 5\,\text{ms}) \;=\; v_L(t = 5\,\text{ms}) \cdot i_L(t = 5\,\text{ms}) = 0{,}187 \cdot 1{,}35 = 0{,}252 \text{ W}$$

$$W_L(t = 5\,\text{ms}) \;=\; \frac{1}{2} \cdot L \cdot (i_L(t = 5\,\text{ms}))^2 = 0{,}5 \cdot 9 \cdot 10^{-3} \cdot (1{,}35)^2 = 8{,}2 \text{ mJ}$$

Problema 6. En el siguiente circuito, para $t < T_0$ el interruptor $S1$ está abierto, mientras que el interruptor $S2$ está cerrado. En el instante $t = T_0$, S_1 se cierra y S_2 se abre.

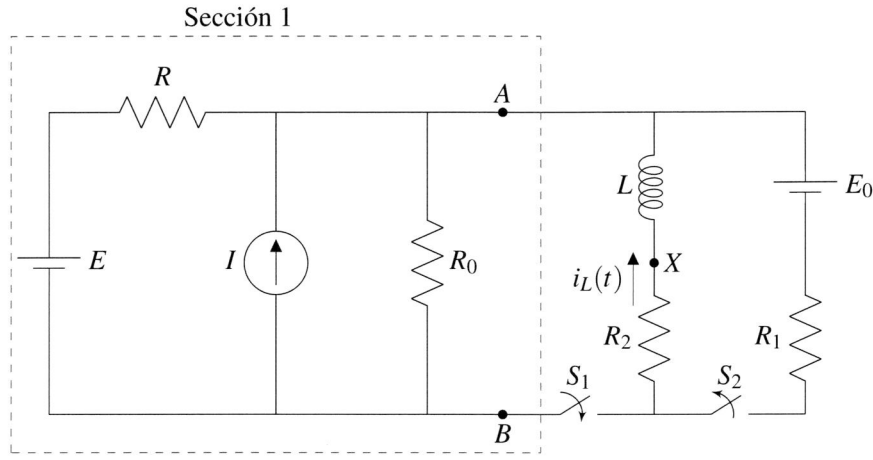

$E = 8\text{V}, I = 1\text{A}, R = 2\,\Omega, R_0 = 2\,\Omega, E_0 = 14\text{V}, R_1 = 3\,\Omega, R_2 = 4\,\Omega, L = 2\text{mH}, T_0 = 1\text{ms}$

a) Calcule el equivalente de Thevenin de la Sección 1 del circuito entre los nodos A y B.

b) Determine el instante de tiempo T_1 en el que se alcanza el régimen permanente.

c) Calcule $i_L(t)$ y $v_{AX}(t)$ en el intervalo entre $t = 0$ ms y $t = 5$ ms.

d) Calcule la energía almacenada en la bobina en $t = 2$ ms.

Solución

a) Para obtener el equivalente de Thevenin de la Sección 1 del circuito, calculamos en primer lugar la resistencia equivalente, para lo que desconectamos las fuentes independientes:

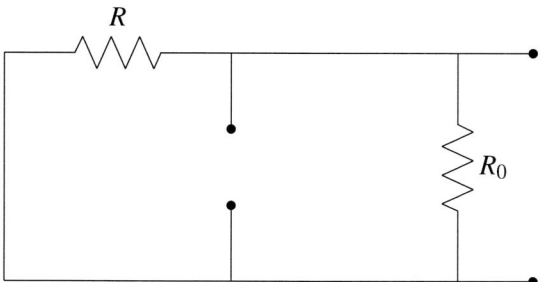

Se puede observar que la resistencia de Thevenin viene determinada por el paralelo entre R y R_0:

$$R_{Th} = \frac{R \cdot R_0}{R + R_0} = \frac{2 \cdot 2}{2 + 2} = 1\,\Omega$$

Para calcular la tensión de Thevenin podemos utilizar equivalencia de generadores, transformando la asociaciónn en paralelo entre el generador de corriente I y la resistencia R_0 en una asociación en serie.

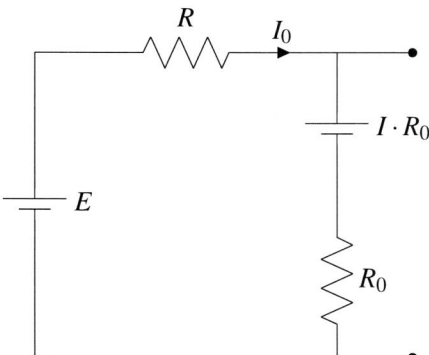

La corriente I_0 se puede calcular fácilmente aplicando la ley de Kirchhoff de las tensiones:

$$I_0 = \frac{E - I \cdot R_0}{R + R_0} = \frac{8 - 1 \cdot 2}{2 + 2} = 1{,}5\,\text{A}$$

Y la tensión de Thevenin queda entonces:

$$E_{Th} = V_{AB} = I \cdot R_0 + I_0 \cdot R_0 = 2 \cdot 1 + 1{,}5 \cdot 2 = 5\,\text{V}$$

Con lo que el equivalente de Thevenin queda finalmente,

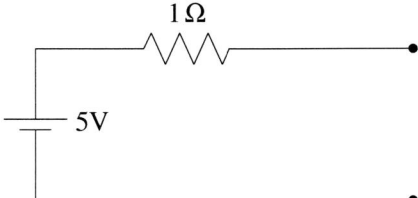

b) Dibujamos de nuevo el circuito utilizando el equivalente de Thevenin calculado en el apartado anterior:

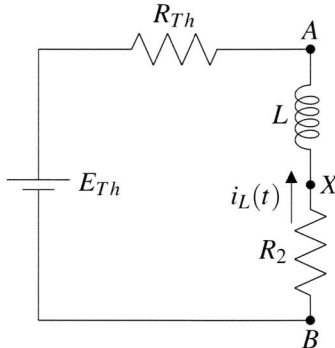

Calculamos ahora la constante de tiempo del circuito:

$$\tau = \frac{L}{R_{Th} + R_2} = \frac{2 \cdot 10^{-3}}{1 + 4} = 0{,}4\text{ms}$$

Ahora calculamos el instante en el que se alcanza el régimen permanente:

$$T_1 = T_0 + 5\tau = 1 + 5 \cdot 0{,}4 = 3\text{ms}$$

c) En el intervalo de tiempo que nos dan podemos distinguir tres regiones diferentes:

- $t \in [0, 1]ms \rightarrow$ Corresponde al régimen permanente antes de comenzar el transitorio.

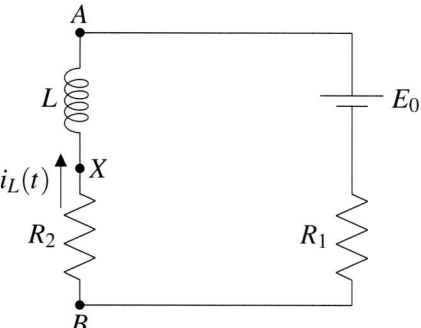

En este caso la bobina se comporta como un cortocircuito, con lo que la tensión $v_{AX}(t) = 0$ V. Además, la bobina tiene una corriente inicial debida a la conexión con la fuente E_0 para $t < T_0$ como se indica en el enunciado, por lo que $i_L(t) = -\frac{E_0}{R_1+R_2} = -\frac{14}{3+4} = -2$ A.

- $t \in [1,3]ms \rightarrow$ Corresponde al estado transitorio.

Lo primero es determinar la corriente inicial y final en la bobina.

Inicialmente, $i_{Li} = i_L(t = T_0^+) = i_L(t = T_0^-) = -2$A

Al final del transitorio, $i_{Lf} = -\frac{E_{Th}}{R_{Th}+R_2} = -\frac{5}{1+4} = -1$A

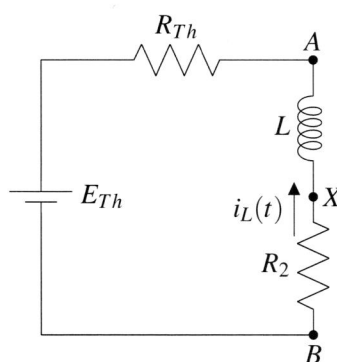

Utilizando los valores anteriores, podemos aplicar ahora las ecuaciones para el transitorio de la bobina:

$$i_L(t) = i_{Lf} - (i_{Lf} - i_{Li})e^{-\frac{t-T_0}{\tau}} = -1 - e^{-2,5(t-1)}\,\text{A}$$

$$v_{AX}(t) = (i_{Lf} - i_{Li})(R_{Th} + R_2)e^{-\frac{t-T_0}{\tau}} = 5e^{-2,5(t-1)}\,\text{V}$$

- $t \in [3,5]ms \rightarrow$ Corresponde al régimen permanente alcanzado tras el transitorio.

En este caso la bobina se comporta de nuevo como un cortocircuito, con lo que la tensión $v_{AX}(t) = 0$ V, y la corriente $i_L(t) = -1$ A.

d) Para calcular la energía almacenada en la bobina en $t = 2$ ms, calculamos en primer la corriente utilizando la fórmula del transitorio $i_L(t = 2ms)$:

$$i_L(t = 2\text{ms}) = -1 - e^{-2,5(2-1)} = -1,0821\text{A}$$

Ahora utilizamos la ecuación de la energía almacenada en la bobina:

$$W_L(t = 2\text{ms}) = \frac{1}{2}L(i_L(t = 2\text{ms}))^2 = \frac{1}{2}2 \cdot 10^{-3}(-1,0821)^2 = 1,1709\text{mJ}$$

Problema 7. Dado el siguiente circuito y sabiendo que el condensador está cargado inicialmente con $V_0 = 8$ V y que el interruptor se cierra en el instante $t = T_0$:

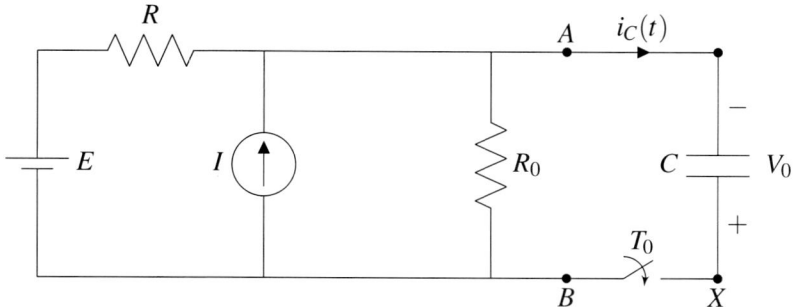

$$E = 21\text{V}, I = 2\text{A}, R = 3\,\Omega, R_0 = 6\,\Omega, C = 1\text{mF}, T_0 = 5\text{ms}$$

a) Calcule el equivalente de Thevenin del circuito entre los nodos A y B (sin incluir el condensador).

b) Determine el instante T_1 en el que se alcanza el régimen permanente.

c) Calcule $i_C(t)$ y $v_{AX}(t)$ en el intervalo entre $t = 0$ ms y $t = 20$ ms.

d) Calcule la energía almacenada en el condensador en $t = 10$ ms.

Solución

a) Para obtener el equivalente de Thevenin del circuito entre los terminales A y B, calculamos en primer lugar la resistencia equivalente, para lo que desconectamos las fuentes independientes:

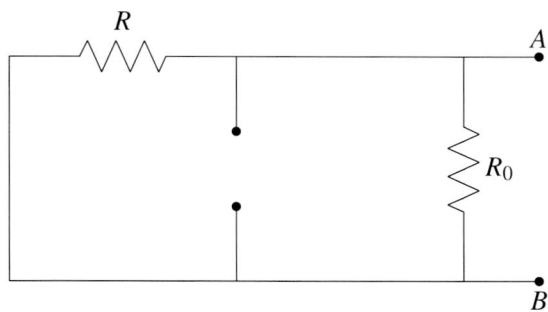

Se puede observar que la resistencia de equivalente, y por tanto la resistencia de Thevenin, viene determinada por el paralelo entre R y R_0:

$$R_{Th} = \frac{R \cdot R_0}{R + R_0} = \frac{3 \cdot 6}{3 + 6} = 2\,\Omega$$

Para calcular la tensión de Thevenin podemos utilizar equivalencia de generadores, transformando la asociación en paralelo entre el generador de corriente I y la resistencia R_0 en una asociación en serie:

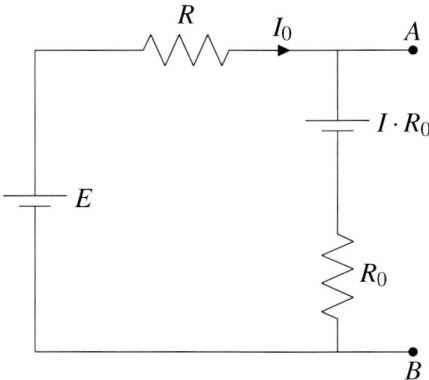

La corriente I_0 se puede calcular fácilmente aplicando la ley de Kirchhoff de las tensiones:

$$I_0 = \frac{E - I \cdot R_0}{R + R_0} = \frac{21 - 2 \cdot 6}{3 + 6} = 1\,\text{A}$$

Y la tensión de Thevenin queda entonces:

$$E_{Th} = V_{AB} = I \cdot R_0 + I_0 \cdot R_0 = 2 \cdot 6 + 1 \cdot 6 = 18\,\text{V}$$

Con lo que el equivalente de Thevenin queda finalmente:

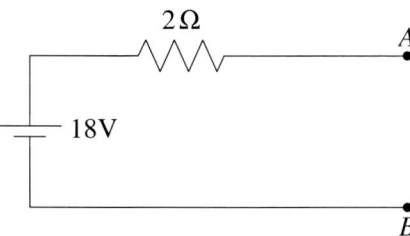

b) En primer lugar, calculamos la constante de tiempo del circuito:

$$\tau = R_{Th} \cdot C = 2 \cdot 10^{-3} = 2\text{ms}$$

Ahora calculamos el instante en el que se alcanza el régimen permanente:

$$T_1 = T_0 + 5\tau = 5 + 5 \cdot 2 = 15\text{ms}$$

c) En el intervalo de tiempo que nos dan podemos distinguir tres regiones diferentes:

- $t \in [0,5]ms \to$ Corresponde al régimen permanente antes de comenzar el transitorio. En este caso el condensador se comporta como un circuito abierto, con lo que la corriente $i_C(t) = 0$A. Además, el condensador tiene una carga inicial indicada en el enunciado, por lo que $v_{AX}(t) = -V_0 = -8$V.

- $t \in [5,15]ms \to$ Corresponde al estado transitorio. Lo primero es determinar las tensiones iniciales y finales en bornes del condensador.

  Inicialmente: $V_{Ci} = v_{AX}(t = T_0^+) = v_{AX}(t = T_0^-) = -8$V

  Al final del transitorio: $V_{Cf} = E_{th} = 18$V

  Utilizando los valores anteriores, podemos aplicar las ecuaciones para el transitorio del condensador:

$$i_C(t) = \frac{V_{Cf} - V_{Ci}}{R_{Th}} e^{-\frac{t-T_0}{\tau}} = 13e^{-\frac{t(ms)-5}{2}}\text{ A}$$

$$v_{AX}(t) = v_C(t) = V_{Cf} - (V_{Cf} - V_{Ci})e^{-\frac{t-T_0}{\tau}} = 18 - 26e^{-\frac{t(ms)-5}{2}}\text{ V}$$

- $t \in [15,5]ms \to$ Corresponde al régimen permanente alcanzado tras el transitorio. En este caso el condensador se comporta como un circuito abierto, con lo que la corriente $i_C(t) = 0A$. Al alcanzar el régimen permanente, la tensión en el condensador es igual a la de la fuente de tensión del circuito equivalente de Thevenin, $v_{AX}(t) = E_{Th} = 18V$.

d) Para calcular la energía almacenada en el condensador en $t = 10ms$, calculamos en primer lugar la tensión $V_{AX}(t = 10ms)$:

$$v_{AX}(t = 10ms) = 18 - 26e^{-\frac{10-5}{2}} = 15,87V$$

Con lo que la energía es:

$$W_C(t = 10ms) = \frac{1}{2}C(v_{AX}(t = 10ms))^2 = 126mJ$$

Problema 8. El circuito de la figura se encuentra con el interruptor abierto durante un tiempo muy largo como para suponer que se ha alcanzado el régimen permanente. En $t = 10\,\text{ms}$ dicho interruptor se cierra tal y como se muestra en la figura.

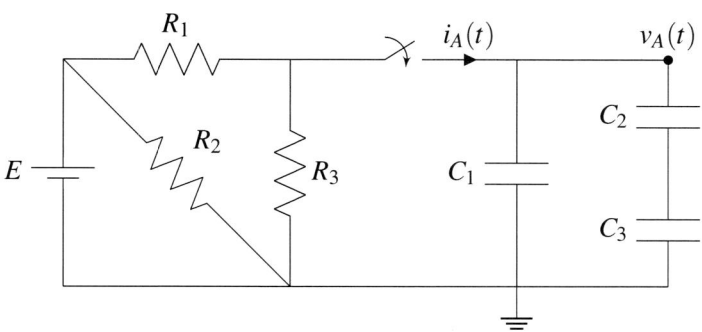

$$E = 8\,\text{V}, R_1 = 10\,\text{k}\Omega, R_2 = 5\,\text{k}\Omega, R_3 = 10\,\text{k}\Omega, C_1 = 0,5\,\mu\text{F}, C_2 = 2\,\mu\text{F}, C_3 = 6\,\mu\text{F}$$

Se pide:

a) Simplifique la red de condensadores a un solo condensador equivalente y calcule su capacidad.

b) Calcule la tensión $v_A(t = 10^-\,\text{ms})$, es decir justo antes de cerrar el interruptor, considerando que la energía almacenada por el condensador equivalente es de $W = 36\,\mu\text{F}$.

c) Obtenga la expresión de la tensión $v_A(t)$ y la corriente $i_A(t)$, la cual circula por el condensador equivalente, una vez conmutado el interruptor aplicando el teorema de Thevenin.

d) Dibuje la tensión, corriente y potencia en el condensador equivalente entre $t = 0\,\text{s}$ y $t = 100\,\text{ms}$ e indique si el condensador almacena o entrega energía durante el transitorio originado al conmutar el interruptor.

Solución

a) La capacidad del condensador equivalente se calcula a partir de:

$$C_{eq} = C_1 + \frac{C_2 \cdot C_3}{C_2 + C_3} = 2\,\mu\text{F}$$

b) La tensión se calcula a partir de:

$$v_A(t = 10^-) = \sqrt{\frac{2 \cdot W}{C_{eq}}} = 6V$$

c) El circuito resultante una vez aplicado el teorema de Thevenin es la siguiente:

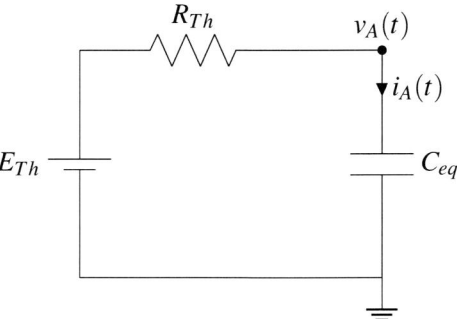

siendo $E_{Th} = 4V$ y $R_{Th} = 5\,k\Omega$. A partir de dicho circuito podemos obtener la tensión y corriente de:

$$v_A(t) = V_{Cf} - \left(V_{Cf} - V_{Ci}\right) \cdot e^{-(t-T_0)/\tau}$$

$$i_A(t) = \frac{V_{Cf} - V_{Ci}}{R_{Th}} \cdot e^{-(t-T_0)/\tau}$$

En este caso, la tensión en el condensador antes de que el interruptor cambie de estado es igual a $V_{Ci} = 6V$, mientras que la tensión una vez alcanzado el régimen permanente será de $V_{Cf} = 4V$. Por otra parte, la constante de tiempo tendrá una valor de $\tau = R_{Th} \cdot C_{eq} = 10\mu s$, con lo que:

$$v_A(t) = 4 + 2e^{-\frac{(t-10)}{10}} V$$

$$i_A(t) = -0{,}4e^{-\frac{(t-10)}{10}} mA$$

d) La tensión, corriente y potencia se muestran en la figura siguiente. La potencia es negativa durante el transitorio por lo que el condensador entrega energía al conmutar el interruptor.

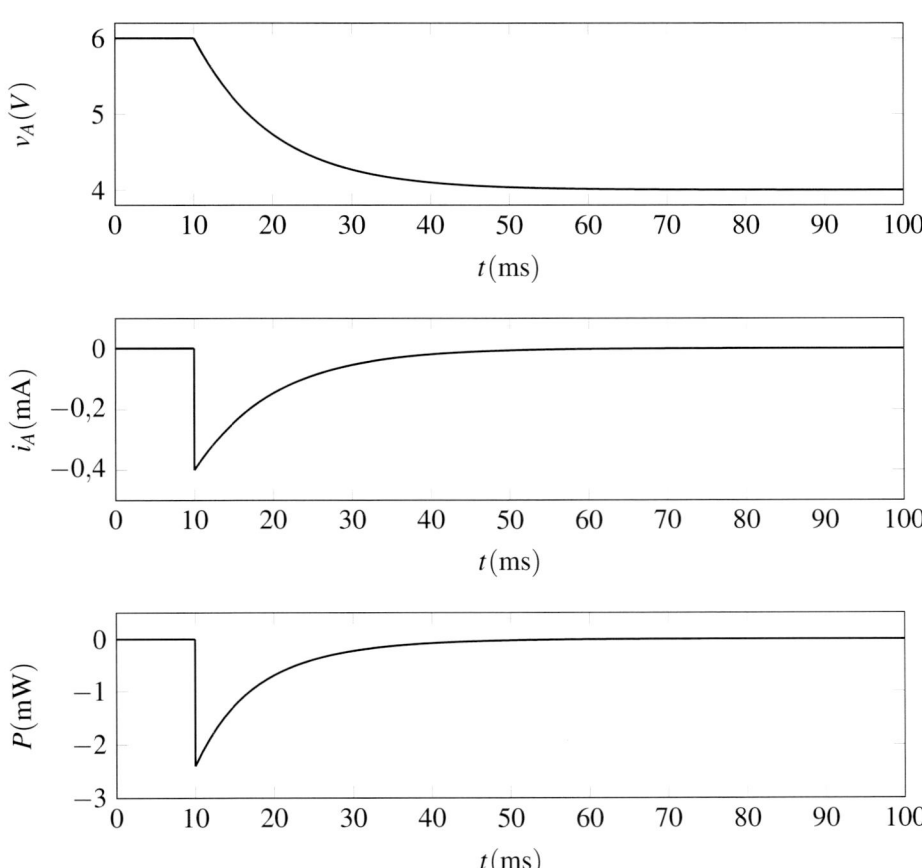

Problema 9. En el circuito que se muestra, los interruptores S_1 y S_2 han permanecido abiertos durante mucho tiempo. Asimismo, en los condensadores C_1, C_2 y C_3 la energía almacenada es nula:

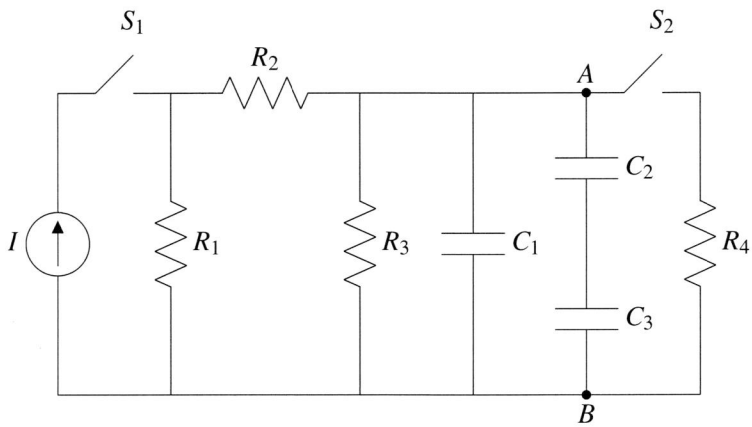

Datos:

$$R_1 = 1\,\Omega, R_2 = 2\,\Omega, R_3 = 3\,\Omega, R_4 = 4\,\Omega, C_1 = 1\,\mu F, C_2 = C_3 = 2\,\mu F, I = 1\,A$$

a) En el instante $t = 0\,$s, el interruptor S_1 se cierra, permaneciendo S_2 abierto. Determine el equivalente de Thevenin que proporciona carga a los condensadores C_1, C_2 y C_3.

b) Reduzca los tres condensadores a un único condensador equivalente de capacidad C_{eq}. ¿Cuánto valdría esa capacidad C_{eq}?

c) Calcule la tensión $v_{AB}(t)$ en el intervalo de tiempo $t \in [0, 15]\,\mu$s.

d) Calcule la carga en cada uno de los condensadores, esto es Q_1, Q_2 y Q_3, así como de la energía almacenada en el condensador equivalente, $W_{C_{eq}}$ en los instantes $t = 0\,$s, $t = 5\,\mu$s y $t = 15\,\mu$s.

e) En el instante de tiempo $t = 20\,\mu$s, el interruptor S_1 se abre y S_2 se cierra. Calcule la variación con el tiempo de la potencia disipada en la resistencia R_4, es decir, $P_{R_4}(t)$, en el intervalo de tiempo $t \in [20, 30]\,\mu$s.

Solución

a) Con el interruptor S_1 cerrado y el interruptor S_2 abierto, nos queda el siguiente circuito:

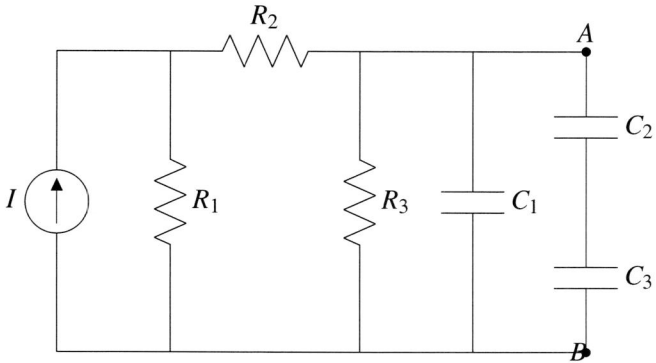

El circuito que proporciona carga a los condensadores es el siguiente:

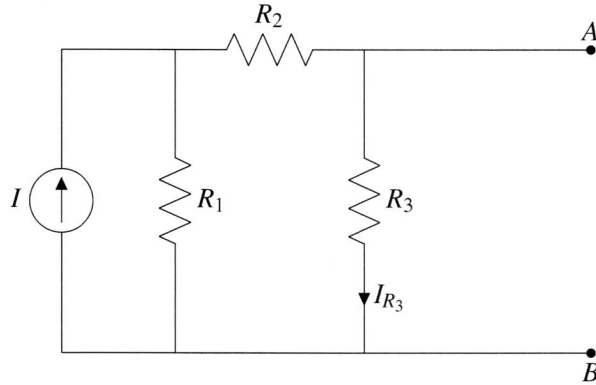

La tensión del equivalente de Thevenin será la tensión entre A y B cuando no conectamos nada a esos terminales. Por tanto:

$$E_{Th} = I_{R_3} \cdot R_3$$

$$I_{R_3} = I \cdot \frac{R_1}{R_1 + R_2 + R_3}$$

$$E_{Th} = I \cdot \frac{R_1}{R_1 + R_2 + R_3} \cdot R_3 = 0{,}5\text{V}$$

Para calcular R_{Th}, desconectamos los generadores y reducimos a una sola resistencia:

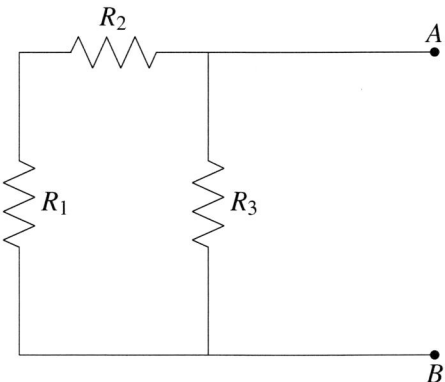

$$R_{Th} = (R_1 + R_2) \parallel R_3 = (1+2) \parallel 3 = 3 \parallel 3 = \frac{3\cdot 3}{3+3} = 1,5\,\Omega$$

b) Los condensadores C_2 y C_3, como están en serie, se pueden sustituir por uno equivalente de valor:

$$C_{2,3} = \frac{C_2 \cdot C_3}{C_2 + C_3} = \frac{2\cdot 2}{2+2} = 1\,\mu F$$

Ahora nos quedaría el condensador C_1 en paralelo con el condensador $C_{2,3}$. El equivalente de ambos sería:

$$C_{eq} = C_1 + C_{2,3} = 1 + 1 = 2\,\mu F$$

c) Tras sustituir el circuito de carga por su equivalente de Thevenin, y los tres condensadores por su condensador equivalente, nos quedaría:

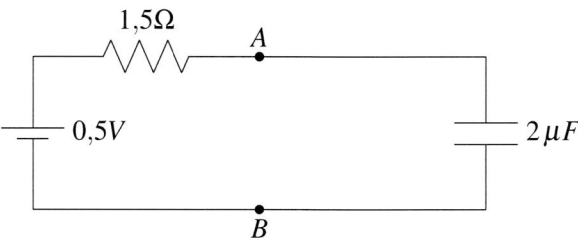

La ecuación de la tensión en un condensador durante el proceso de carga o descarga es la siguiente:

$$v_{AB}(t) = V_{Cf} - \left(V_{Cf} - V_{Ci}\right) \cdot e^{-(t-T_0)/\tau}$$

En este caso, como los condensadores no almacenaban ninguna energía antes de que se cerrara el interruptor S_1 y se iniciara el proceso de carga, $V_{Ci} = 0$. Y al final del periodo transitorio, el condensador tendrá la misma tensión que la del equivalente de Thevenin, y por tanto $V_{Cf} = E_{Th} = 0,5V$.

Por otro lado, el transitorio comienza cuando se cierra el interruptor, es decir, en $T_0 = 0s$. Nos queda por determinar la constante de tiempo, cuyo valor será $\tau = R_{Th} \cdot C_{eq} = 1,5 \cdot 2 \cdot 10^{-6} = 3 \, \mu s$.

Por tanto, durante el proceso de carga del condensador, es decir, en el intervalo $t \in [T_0, T_0 + 5\tau] = t \in [0, 15\mu s]$, que coincide con el intervalo en el que me piden la tensión $v_{AB}(t)$, la tensión en el condensador será:

$$v_{AB}(t) = V_{Cf} - \left(V_{Cf} - V_{Ci}\right) \cdot e^{-(t-T_0)/\tau} = 0,5 \cdot \left(1 - e^{-t(\mu s)/3}\right) V$$

d) La carga en cada uno de los tres condensadores será:

$$
\begin{aligned}
Q_1(t) &= C_1 \cdot v_{C_1}(t) = C_1 \cdot v_{AB}(t) = 10^{-6} \cdot v_{AB}(t) \\
Q_2(t) &= C_2 \cdot v_{C_2}(t) = C_2 \cdot v_{AB}(t) \cdot \frac{C_{2,3}}{C_2} = 2 \cdot 10^{-6} \cdot v_{AB}(t) \cdot \frac{1}{2} = 10^{-6} \cdot v_{AB}(t) \\
Q_3(t) &= C_3 \cdot v_{C_3}(t) = C_3 \cdot v_{AB}(t) \cdot \frac{C_{2,3}}{C_3} = 2 \cdot 10^{-6} \cdot v_{AB}(t) \cdot \frac{1}{2} = 10^{-6} \cdot v_{AB}(t)
\end{aligned}
$$

Por tanto, en este caso, $Q(t) = Q_1(t) = Q_2(t) = Q_3(t) = 10^{-6} \cdot v_{AB}(t)$. Ahora calculamos esa carga en cada uno de los tres instantes solicitados:

$$
\begin{aligned}
Q(t = 0) &= 10^{-6} \cdot v_{AB}(t = 0) = 10^{-6} \cdot 0 = 0 \, C \\
Q(t = 5\mu s) &= 10^{-6} \cdot v_{AB}(t = 5\mu s) = 10^{-6} \cdot 0,5 \cdot \left(1 - e^{-5/3}\right) = 0,4 \, \mu C \\
Q(t = 15\mu s) &= 10^{-6} \cdot v_{AB}(t = 15\mu s) = 10^{-6} \cdot 0,5 \cdot \left(1 - e^{-15/3}\right) \simeq 0,5 \, \mu C
\end{aligned}
$$

Finalmente, la energía en el condensador equivalente será:

$$W_{C_{eq}} = \frac{1}{2} C_{eq} v_{AB}^2(t) = 0{,}25 \cdot \left(1 - e^{-t(\mu s)/3}\right)^2 \, \mu J$$

En los tres instantes solicitados:

$$
\begin{aligned}
W_{C_{eq}}(t=0) &= 0{,}25 \cdot \left(1 - e^{-0/3}\right)^2 = 0\,J \\
W_{C_{eq}}(t=5\mu s) &= 0{,}25 \cdot \left(1 - e^{-5/3}\right)^2 = 0{,}16\,\mu J \\
W_{C_{eq}}(t=15\mu s) &= 0{,}25 \cdot \left(1 - e^{-15/3}\right)^2 \simeq 0{,}25\,\mu J
\end{aligned}
$$

e) En el instante de tiempo $t = 20\mu s$, con el interruptor S_1 abierto y S_2 cerrado, tenemos el siguiente circuito:

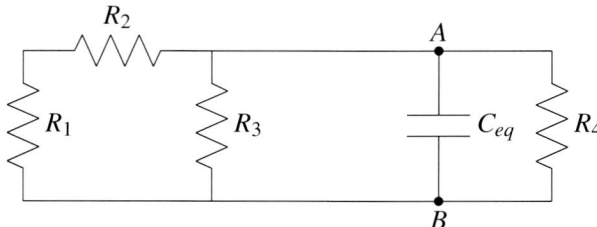

La potencia disipada en la resistencia R_4 se puede calcular de la siguiente forma:

$$P_{R_4}(t) = \frac{v_{AB}(t)^2}{R_4}$$

Para calcular fácilmente v_{AB}, vamos a agrupar todas las resistencias en una sola:

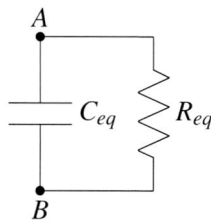

Donde $R_{eq} = R_4 \parallel R_3 \parallel (R_1 + R_2) = 4 \parallel 3 \parallel (1 + 2) = 1,09\,\Omega$

Tras el primer transitorio producido por el cierre de S_1, es decir, a partir de $t = 15\,\mu s$, la tensión el el condensador era ya constante y de valor 0.5 V. Y ese será su valor hasta que en $t = 20\,\mu s$ se abre S_1 y se cierra S_2. A partir de ese momento se inicia un proceso de descarga del condensador regido por la ecuación:

$$v_{AB}(t) = V_{Cf} - \left(V_{Cf} - V_{Ci}\right) \cdot e^{-(t-T_0)/\tau}$$

donde ahora $V_{Ci} = 0,5$ V, $V_{Cf} = 0$ V, $T = 20\mu s$, y $\tau = C_{eq} \cdot R_{eq} = 2,18\,\mu s$. Por tanto:

$$v_{AB}(t) = 0 - (0 - 0,5) \cdot e^{-(t(\mu s)-20)/2,18} = 0,5 \cdot e^{-(t(\mu s)-20)/2,18}\text{ V}$$

Y la tensión tendrá este valor desde $t = T_0 = 20\,\mu s$ hasta $t = T_0 + 5\tau = 25,9\,\mu s$. A partir de ahí ya su valor será constante e igual a $V_{Cf} = 0$ V.

Por tanto, la tensión en la resistencia R_4 entre 20 y $30\,\mu$ s será:

$$P_{R_4}(t) = \left\{ \begin{array}{ll} 62,5 \cdot e^{-(t(\mu s)-20)/1,09}\,\text{mW} & t(\mu s) \in [20, 25,9] \\ 0 & t(\mu s) \in [25,9, 30] \end{array} \right.$$

Problema 10. El circuito de la figura se encuentra con el interruptor $INT1$ cerrado durante un tiempo muy largo como para suponer que se ha alcanzado el régimen permanente. En $t = 0$ s dicho interruptor se abre tal y como se muestra en la figura.

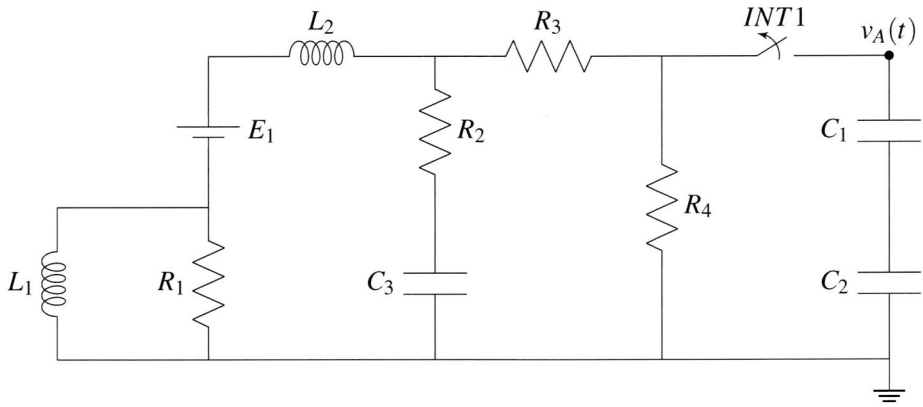

$$E_1 = 12 \text{ V}, R_1 = 1\,\Omega, R_2 = 3\,\Omega, R_3 = 5\,\Omega, R_4 = 2\,\Omega, C_1 = 3\,\text{F}, C_2 = 6\,\text{F}, C_3 = 5\,\text{F},$$
$$L_1 = 1\,\text{H}, L_2 = 5\,\text{H}$$

Se pide:

a) Calcule la tensión, $v_A(t = 0^-)$, es decir justo antes de abrir el interruptor $INT1$.

b) Calcule la carga eléctrica, $Q(t = 0^-)$, almacenada en el condensador C_1 y en el condensador C_2.

En $t > 0$ s se cierra un nuevo interruptor $INT2$ quedando el circuito tal y como se muestra en la siguiente figura.

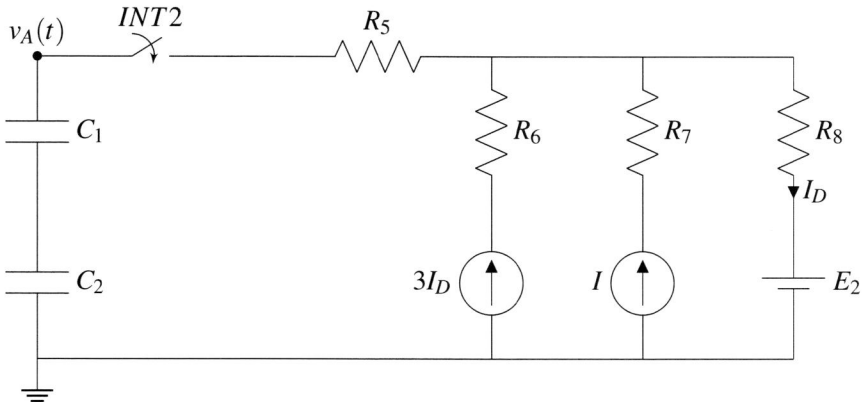

$$E_2 = 8\text{V}, I = 2\text{A}, R_5 = 5\,\Omega, R_6 = 2\,\Omega, R_7 = 2\,\Omega, R_8 = 1\,\Omega$$

Considere el circuito conectado a la red de condensadores C_1 y C_2.

   c) Calcule la resistencia del equivalente de Thevenin.

   d) Calcule la tensión del equivalente de Thevenin.

A partir del equivalente de Thevenin obtenido previamente obtenga:

   e) Tensión $v_A(t = 5s)$.

   f) El instante temporal en el cual se alcanza el régimen permanente y la energía total almacenada por los condensadores a partir de dicho instante.

Solución

   a) Justo antes de abrir el interruptor el circuito está en régimen permanente por lo que la bobina se comporta como un cortocircuito y el condensador como un circuito abierto. Por tanto, el circuito se simplifica tal y como se muestra a continuación:

137

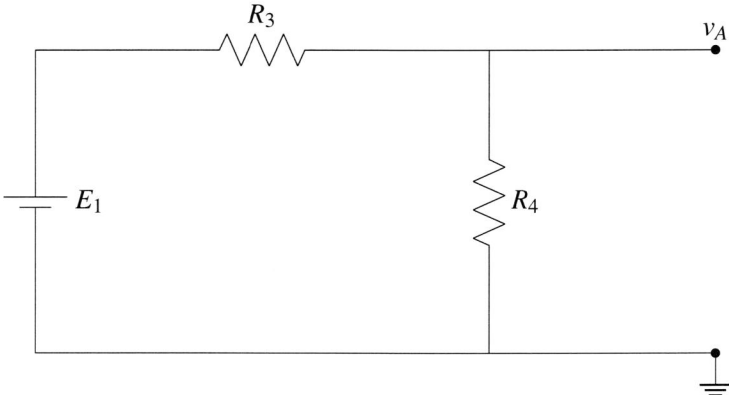

De esta forma la tensión en el punto A se calcula a partir de:

$$v_A(t = 0^-) = E_1 \frac{R_4}{R_3 + R_4} = 3{,}42\text{V}$$

b) Los condensadores C_1 y C_2 están en serie por lo que acumulan la misma carga y dicha carga es a su vez igual a la del condensador equivalente. Por tanto, calculamos primero la capacidad del condensador equivalente:

$$C_{12} = \frac{C_1 C_2}{C_1 + C_2} = 2\,\text{F}$$

La carga almacenada en $t = 0^-$ s se obtiene a partir de:

$$Q_{12}(t = 0^-) = C_{12} \cdot v_A(t = 0^-) = 6{,}84\text{C}$$

La carga almacenada, $Q(t = 0^-)$, en los condensadores C_1 y C_2, será la misma:

$$Q_1 = Q_2 = Q_{12} = 6{,}84\text{C}$$

c) Para calcular la resistencia del equivalente de Thevenin debemos desconectar los generadores independientes y conectar un generador externo, ya que en el circuito tenemos un generador dependiente. El circuito resultante se muestra a continuación:

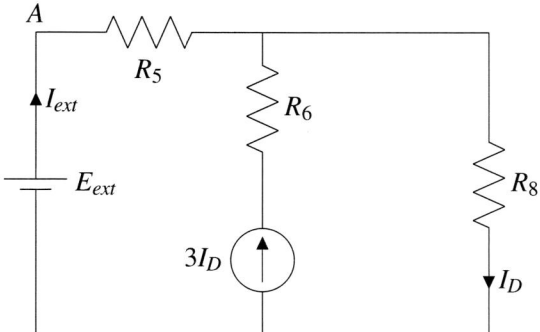

La resistencia del equivalente de Thevenin se obtiene a partir de:

$$R_{Th} = \frac{E_{ext}}{I_{ext}} = R_5 - \frac{R_8}{2} = 4,5\,\Omega$$

d) Para calcular la tensión del equivalente de Thevenin volvemos a conectar los generadores independientes:

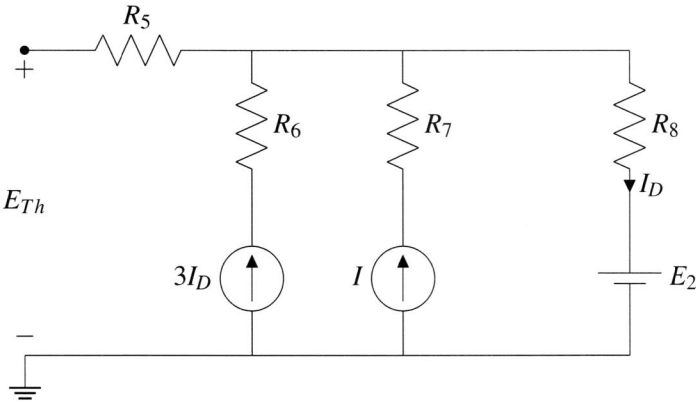

Por la resistencia R_5 no circula corriente por lo que la tensión de Thevenin se puede calcular a partir de:

$$E_{Th} = I_D R_8 + E_2 = \frac{-I}{2} R_8 + E_2 = 7\text{V}$$

ya que:

$$I_D = 3I_D + I$$

139

e) Al cerrar el interruptor $INT2$ en $t > 0$s se origina una respuesta transitoria. A partir del equivalente de Thevenin obtenido previamente y la capacidad equivalente fruto de agrupar los condensadores C_1 y C_2 es posible calcular la tensión en A:

$$v_A(t) = 7 - 3{,}58\mathrm{e}^{-\frac{t}{9}} V$$

considerando que

$$V_{Ci} = v_A(t = 0^- s) = 3{,}42\mathrm{V}$$
$$V_{Cf} = E_{Th} = 7\mathrm{V}$$
$$\tau = R_{Th}C_{12} = 9\mathrm{s}$$

Por tanto, la tensión $v_A(t = 5s)$ es:

$$v_A(t = 5s) = 4{,}95\mathrm{V}$$

f) El instante temporal en el cual se alcanza el régimen permanente es 5τ, es decir 45 segundos. Por otra parte, la energía total almacenada por los condensadores se obtiene a partir de:

$$W = \frac{1}{2}C_{12}V_{Cf}^2 = 49\mathrm{J}$$

Problema 11. Considere el circuito de la figura, en el que el condensador C_1 está conectado al circuito de la derecha desde $t = -\infty$ hasta $t = 0$s, momento en el que el interruptor conmuta del nodo C al nodo A y el condesador C_1 se conecta al circuito de carga.

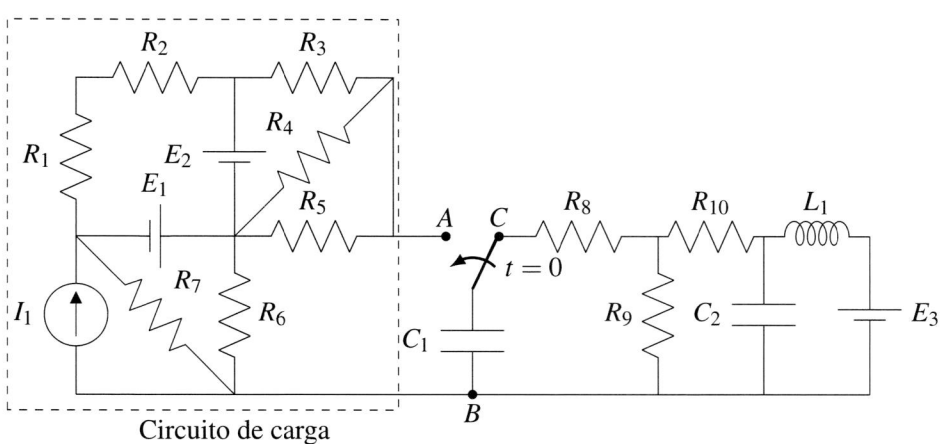

Circuito de carga

$$E_1 = 2\text{V}, E_2 = 6\text{V}, E_3 = 2\text{V}, I_1 = 10\text{mA}, R_1 = 300\,\Omega, R_2 = 300\,\Omega, R_3 = 900\,\Omega,$$
$$R_4 = 900\,\Omega, R_5 = 900\,\Omega, R_6 = 400\,\Omega, R_7 = 400\,\Omega, R_8 = 10\,\Omega, R_9 = 10\,\Omega, R_{10} = 10\,\Omega,$$
$$C_1 = 4\,\mu\text{F}, C_2 = 10\,\mu\text{F}, L_1 = 5\text{mH}$$

Se pide:

a) El equivalente de Thevenin del circuito de carga entre los nodos A y B.

b) La tensión en el condensador C_1 justo antes de que el interruptor cambie de posición, es decir, $v_{CB}(t = 0^-)$.

c) La expresión de la tensión $v_{AB}(t)$ y la corriente $i_{AB}(t)$ en el condensador C_1 a partir de que el conmutador cambia de posición, es decir, para $t > 0$.

d) Calcule la potencia y la energía almacenada en el condensador en el instante $t = 4$ms. En ese instante, ¿el condensador se está cargando, o descargando?.

e) Dibuje la tensión, corriente y potencia en el condensador C_1 entre $t = -4$ms y $t = 14$ms.

Solución

a) El equivalente de Thevenin del circuito de carga entre los nodos A y B es $E_{Th} = 5\text{V}$ y $R_{Th} = 500\,\Omega$.

b) La tensión en el condensador C_1 justo antes de que el interruptor cambie de posición es $v_{CB}(t = 0^-) = 1\text{V}$.

c) La expresión de la tensión $v_{AB}(t)$ y la corriente $i_{AB}(t)$ en el condensador C_1 a partir de que el conmutador cambia de posición, es decir, para $t > 0$ es:

$$v_{AB}(t) = 5 - 4\mathrm{e}^{-500t}\,\text{V}$$
$$i_{AB}(t) = 8\mathrm{e}^{-500t}\,\text{mA}$$

d) La potencia y la energía almacenada en el condensador en el instante $t = 4\text{ms}$ es de $P = 4{,}83\text{mW}$ y $W = 39{,}8\mu\text{J}$. El condensador se está cargando.

e) El dibujo de la tensión, corriente y potencia en el condensador C_1 entre $t = -4\text{ms}$ y $t = 14\text{ms}$ será:

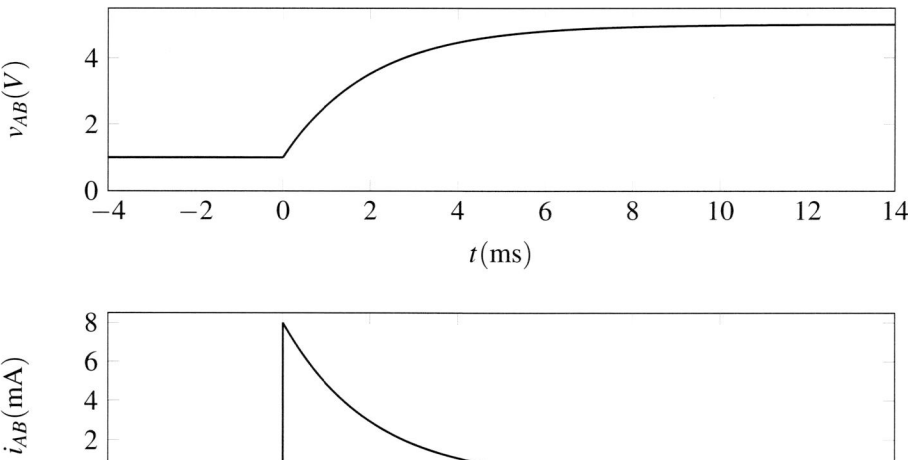

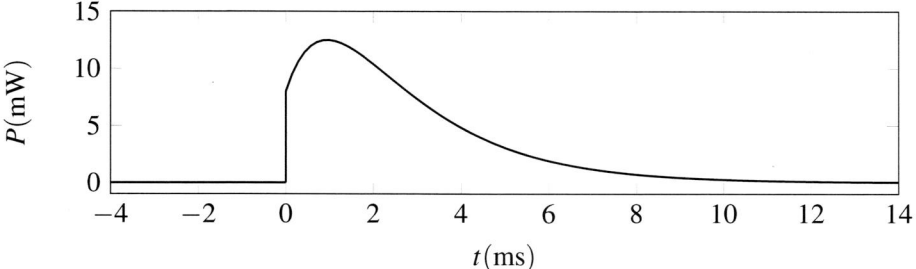

Capítulo 4

Conceptos fundamentales en AC

Descripción y objetivos de los problemas

En este capítulo se introduce el análisis de corriente alterna (CA) en régimen permanente desde una perspectiva progresiva que parte de la representación temporal de señales hasta conceptos como la transferencia máxima de potencia. La herramienta fundamental empleada es el análisis fasorial, que permite estudiar la respuesta de los circuitos alimentados por fuentes sinusoidales mediante números complejos, simplificando así el tratamiento de amplitudes, desfases, impedancias y potencias.

Los **problemas del 1 al 4** están dedicados a introducir los conceptos fundamentales del análisis en CA: representación fasorial, cálculo de impedancias complejas, identificación de desfases y comprensión del factor de potencia. A través de ejercicios sencillos, el lector se familiariza con la relación entre tensión y corriente, y con el papel de los elementos resistivos, capacitivos e inductivos en la respuesta de los circuitos. El problema 4 introduce el concepto de compensación reactiva para lograr un factor de potencia unitario, un fenómeno clave en el diseño de circuitos eficientes.

Los **problemas del 5 al 7** abordan el análisis de circuitos con fuentes sinusoidales, tanto de tensión como de corriente, incluyendo configuraciones en paralelo y mixtas. Estos problemas permiten aplicar el análisis fasorial para obtener expresiones completas de tensiones y corrientes en diferentes ramas del circuito. Además, se introduce la interpretación de señales reales medidas en osciloscopio, lo que refuerza la conexión entre teoría y práctica experimental. El estudio de la potencia activa, reactiva y aparente complementa este bloque, aportando una visión completa del comportamiento energético en CA.

Finalmente, los **problemas 8 y 9** indican únicamente la solución final y sirven para aplicar los conocimientos adquiridos mediante el **diseño de redes con elementos puramente reactivos** (condensadores o inductancias).

Problema 1. Dibuje las siguientes señales:

a) $v(t) = 5\operatorname{sen}(2\pi t + \pi/3)$

b) $v(t) = 2\operatorname{sen}(8\pi t + \pi/2)$

Encuentre el fasor de las siguientes tensiones sinusoidales utilizando referencia seno:

a) $v(t) = 2\operatorname{sen}(8\pi t + \pi/2)$

b) $v(t) = 2\cos(2\pi t + \pi/4)$

c) $v(t) = 10\cos(8\pi t - 30°)$

d) $v(t) = 10\operatorname{sen}(10\pi t + 240°)$

Por último, considere que tenemos dos señales desfasadas $\pi/4$ y con una frecuencia de 6 MHz, ¿cuál es el retardo entre ellas?

Solución

En primer lugar, vamos a dibujar las señales:

a)
$v(t) = 5\operatorname{sen}(2\pi t + \pi/3)$

Amplitud: $A_\phi = 5$ V
Frecuencia: $f = 1$ Hz
Periodo: $T = \frac{1}{f} = 1$ s
Fase inicial: $\phi = \pi/3$
$t_0 = -\phi/\omega = -1/6$ s

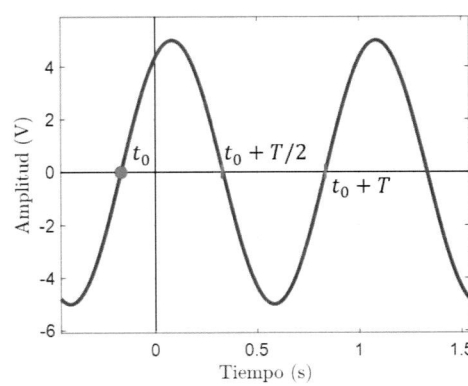

147

$$v(t) = 2\,\mathrm{sen}(8\pi t + \pi/2)$$

b)

Amplitud: $A_\phi = 2$ V
Frecuencia: $f = \frac{8\pi}{2\pi} = 4$ Hz
Periodo: $T = \frac{1}{f} = 0,25$ s
Fase inicial: $\phi = \pi/2$
$t_0 = -\phi/\omega = -1/16$ s

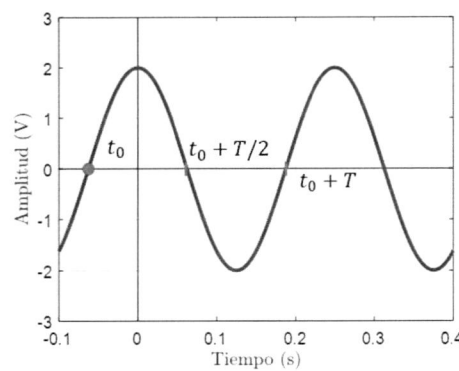

A continuación, vamos a obtener el fasor de las tensiones:

a) $\vec{V} = 2e^{j\pi/2} = 2(\cos\frac{\pi}{2} + j\,\mathrm{sen}\frac{\pi}{2}) = 2j$

b) Para trabajar con referencia seno usamos la siguiente expresión:

$$\cos(a - b) = \cos a \cos b + \mathrm{sen}\,a\,\mathrm{sen}\,b$$

si $b = \pi/2$, la expresión anterior se puede escribir como $\cos(a - \pi/2) = \mathrm{sen}\,a$ y de este modo la expresión de la tensión sinusoidal queda

$$v(t) = 2\cos(2\pi t + \pi/4) = 2\cos(\underbrace{2\pi t + \pi/4 + \pi/2}_{a} - \pi/2) = 2\,\mathrm{sen}(2\pi t + \pi/4 + \pi/2)$$

$$v(t) = 2\,\mathrm{sen}(2\pi t + 3\pi/4) \rightarrow \vec{V} = 2e^{j3\pi/4} = 2\left(\cos\frac{3\pi}{4} + j\,\mathrm{sen}\frac{3\pi}{4}\right) = \frac{2}{\sqrt{2}}(-1 + j)$$

c) Para trabajar con referencia seno procedemos como en el apartado anterior

$$v(t) = 10\cos(8\pi t - 30°) = 10\,\mathrm{sen}(8\pi t - \pi/6 + \pi/2) = 10\,\mathrm{sen}(8\pi t + \pi/3)$$

$$\vec{V} = 10e^{j\pi/3} = 10\left(\cos\frac{\pi}{3} + j\,\mathrm{sen}\frac{\pi}{3}\right) = 5(1 + j\sqrt{3})$$

d) $\vec{V} = 10e^{j24\pi/18} = -5\left(1 + j\sqrt{3}\right)$

Por último, vamos a calcular el retardo entre las dos señales indicadas. De manera genérica, las señales se pueden expresar como

$$v_1(t) = V_1 \operatorname{sen}(2\pi f_1 t + \phi_1)$$
$$v_2(t) = V_2 \operatorname{sen}(2\pi f_2 t + \phi_2)$$

Sabemos que $f_1 = f_2 = 6$ MHz y que el desfase entre ambas señales es $\theta = \phi_1 - \phi_2 = \pi/4$. Para calcular el retardo entre las señales, escribimos las expresiones de $v_1(t)$ y $v_2(t)$ en función de los instantes en que comienza el periodo, $t_{01} = -\phi_1/\omega$ y $t_{02} = -\phi_2/\omega$

$$v_1(t) = V_1 \operatorname{sen}(2\pi f t + \underbrace{2\pi f t_{01}}_{\phi_1})$$
$$v_2(t) = V_2 \operatorname{sen}(2\pi f t + \underbrace{2\pi f t_{02}}_{\phi_2})$$

Usando estas expresiones, el retardo entre las dos señales será

$$t_{01} - t_{02} = -\frac{\phi_1}{\omega} + \frac{\phi_2}{\omega} = \frac{\phi_1 - \phi_2}{2\pi f} = 20{,}83 \text{ ns}$$

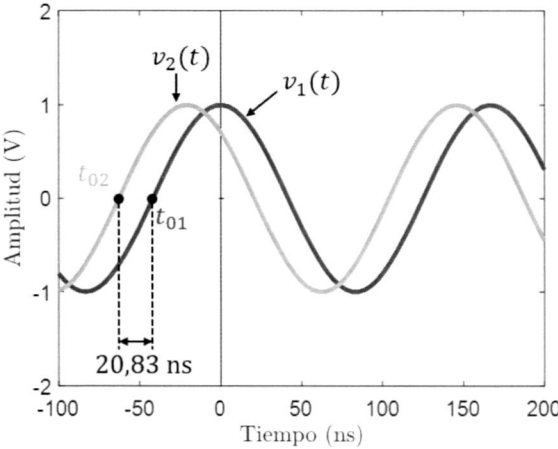

Problema 2. Calcule la impedancia equivalente, Z_{eq}, en los siguientes escenarios cuando la frecuencia de trabajo es 3 kHz.

Escenario 1:

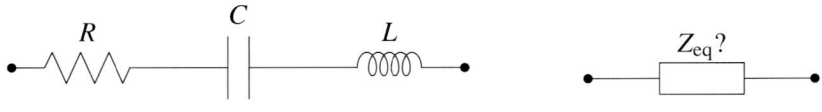

$R = 5\Omega$, $C = 0{,}5\mu F$ y $L = 2mH$

Escenario 2:

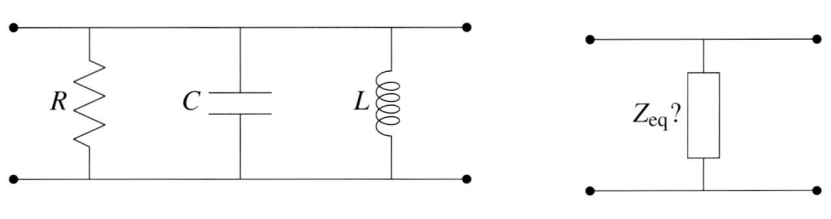

$R = 5\Omega$, $C = 0{,}5\mu F$ y $L = 2mH$

Solución Escenario 1:

Los tres elementos se encuentran en serie, de modo que la impedancia equivalente se puede calcular como

$$Z_{eq} = R + \frac{1}{j\omega C} + j\omega L$$

Sabiendo la frecuencia de trabajo, $\omega = 2\pi f = 6\pi \cdot 10^3 \text{rad/s}$

$$Z_{eq} = 5 - j68{,}4 \ \Omega$$

Solución Escenario 2:

Los tres elementos se encuentran en paralelo, de modo que la impedancia equivalente se puede calcular como

$$\frac{1}{Z_{eq}} = \frac{1}{R} + j\omega C + \frac{1}{j\omega L} \rightarrow Z_{eq} = 4{,}96 + j0{,}42 \ \Omega$$

Problema 3. Sabiendo que las señales de tensión y corriente quedan definidas como $v(t) = 9\,\text{sen}(2\pi\,6\cdot 10^3 t)$ y $i(t) = 3\cos(2\pi\,6\cdot 10^3 t - \pi)$ responda a las siguientes preguntas:

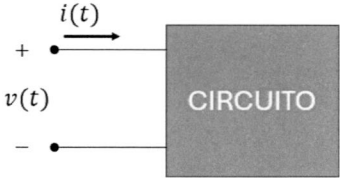

a) Impedancia equivalente del circuito.

b) ¿Presenta un carácter inductivo o capacitivo?

c) Calcule el retardo entre tensión y corriente.

Ahora considere los siguientes circuitos. Sabiendo las tensiones de pico y el desfase entre corriente y tensión en dos circuitos, ¿cuánto valen las corrientes de pico I_1 e I_2 si ambos circuitos consumen una potencia de 1000 W?

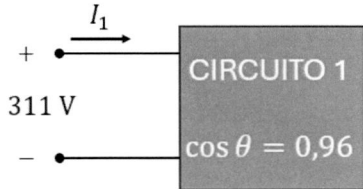

Solución

a) Comenzamos calculando los fasores de las señales de tensión y corriente. En este caso, usaremos referencia seno.

$$\vec{V} = 9$$

$$i(t) = 3\,\text{sen}\left(2\pi\,6\cdot 10^3 t - \pi + \frac{\pi}{2}\right) = 3\,\text{sen}\left(2\pi\,6\cdot 10^3 t - \frac{\pi}{2}\right) \rightarrow \vec{I} = 3e^{-j\pi/2}$$

De este modo la impedancia equivalente del circuito se puede calcular como

$$Z_{\text{eq}} = \frac{\vec{V}}{\vec{I}} = \frac{9}{3e^{-j\pi/2}} = 3j \ \Omega$$

b) La parte imaginaria de la impedancia equivalente es positiva y, por tanto, tiene carácter inductivo.

c) Para calcular el retardo entre ambas señales, usamos los instantes en que comienzan sus periodos y su relación con las fases de ambas señales:

$$t_{0v} - t_{0i} = -\frac{\phi_v}{\omega} + \frac{\phi_i}{\omega} = \frac{\phi_v - \phi_i}{\omega} = 41{,}67 \ \mu\text{s}$$

En general, la potencia consumida en un circuito en función de los valores de tensión y corriente de pico es

$$P = \frac{1}{2} V_0 \, I_0 \cos \theta \rightarrow I_0 = \frac{2P}{V_0 \cos \theta}$$

Para el caso particular de los circuitos considerados en este ejercicio el valor de las corrientes de pico será $I_1 = 6{,}7$ A e $I_2 = 25{,}72$ A.

Nótese que el Circuito 2 necesita mucha más corriente para consumir la misma potencia, porque el factor de potencia es más bajo. En un supuesto escenario en el que una compañía eléctrica facturara el consumo de ambos circuitos, se penalizaría el consumo con corrientes altas (el coste de instalación es mayor, pues obliga a utilizar cables de mayor sección) bien obligando a mejorar el circuito o imponiendo costes adicionales.

Problema 4. Observando el siguiente circuito, ¿qué tiene que suceder para que el factor de potencia sea 1 y el circuito no tenga carácter inductivo ni capacitivo?

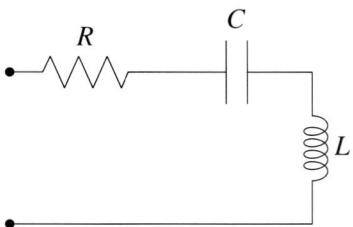

Ahora considere que los elementos están en paralelo, ¿qué tiene que suceder para que el factor de potencia sea 1 y el circuito no tenga carácter inductivo ni capacitivo?

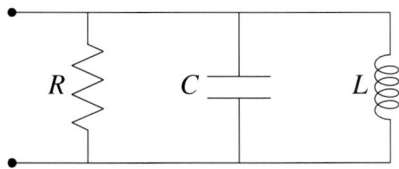

Solución

Empezamos calculando la expresión de la impedancia equivalente en función de R, C y L.

$$Z_{eq} = R + j\omega L - \frac{j}{\omega C} = R + j\left(\omega L - \frac{1}{\omega C}\right) = R + jX$$

Para que el factor de potencia sea 1, la parte reactiva de la impedancia tiene que ser nula. Esta condición se cumple cuando $X = 0$, luego

$$\omega L - \frac{1}{\omega C} = 0 \rightarrow \omega L = \frac{1}{\omega C} \rightarrow \omega^2 = \frac{1}{LC} \rightarrow \omega = \omega_0 = \frac{1}{\sqrt{LC}}$$

El factor de potencia tiene valor uno a una única frecuencia, la frecuencia de resonancia del circuito, ω_0. Se puede expresar el valor de la impedancia equivalente en función de la frecuencia de resonancia como

$$Z_{eq} = R + j\omega L - \frac{j}{\omega C} = R + j\omega L\left(1 - \frac{1}{\omega^2 CL}\right) = R + j\omega L\left(1 - \frac{\omega_0^2}{\omega^2}\right)$$

Si $\omega > \omega_0$, la parte imaginaria de la impedancia equivalente es positiva, $\Im(Z_{\text{eq}}) = X > 0$. En este caso, el circuito tiene carácter inductivo y FP < 1.

Si $\omega < \omega_0$, la parte imaginaria de la impedancia equivalente es negativa, $\Im(Z_{\text{eq}}) = X < 0$. En este caso, el circuito tiene carácter capacitivo y FP < 1.

Solución Con esta configuración de circuito, la impedancia equivalente del circuito será $Z_{\text{eq}} = R \parallel C \parallel L$. Si $C \parallel L$ se comporta como un circuito abierto la impedancia equivalente sería $Z_{\text{eq}} = R$ y el factor de potencia sería FP $= 1$.

$$Z_{\text{eq}}^{\text{LC}} = C \parallel L = \frac{L/C}{j\omega L + \frac{1}{j\omega C}} = \infty$$

Para que se cumpla esta condición

$$j\omega L - \frac{1}{j\omega C} = 0 \rightarrow \omega L = \frac{1}{\omega C} \rightarrow \omega^2 = \frac{1}{LC} \rightarrow \omega = \omega_0 = \frac{1}{\sqrt{LC}}$$

Si $\omega > \omega_0$, la impedancia equivalente formada por la bobina y el condensador es negativa, $\Im(Z_{\text{eq}}^{\text{LC}}) < 0$. De manera genérica podemos expresar esta impedancia equivalente como $Z_{\text{eq}}^{\text{LC}} = -jX$. La impedancia total del circuito será

$$Z_{\text{eq}} = \frac{R\, Z_{\text{eq}}^{\text{LC}}}{R + Z_{\text{eq}}^{\text{LC}}} = \frac{R\,(-jX)}{R - jX} = \frac{R\,X^2 - jR^2X}{R^2 + X^2}$$

De este modo, la parte imaginaria de la impedancia equivalente será negativa $\Im(Z_{\text{eq}}) < 0$ y, por tanto, tiene un carácter capacitivo.

Si $\omega < \omega_0$, la impedancia equivalente formada por la bobina y el condensador es positivo, $\Im(Z_{\text{eq}}^{\text{LC}}) > 0$. De manera genérica podemos expresar esta impedancia equivalente como $Z_{\text{eq}}^{\text{LC}} = jX$. La impedancia total del circuito será

$$Z_{\text{eq}} = \frac{R\, Z_{\text{eq}}^{\text{LC}}}{R + Z_{\text{eq}}^{\text{LC}}} = \frac{R\,(jX)}{R + jX} = \frac{R\,X^2 + jR^2X}{R^2 + X^2}$$

De este modo, la parte imaginaria de la impedancia equivalente será positiva $\Im(Z_{\text{eq}}) > 0$ y, por tanto, tiene un carácter inductivo.

Problema 5. Dado el siguiente circuito y sabiendo que $i_s(t) = 5\operatorname{sen}(\omega t + 60°)$, conteste las siguientes preguntas:

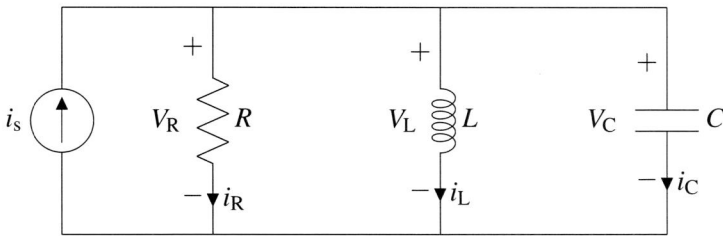

a) Calcule el fasor de la fuente de corriente con referencia seno y coseno. Escoja referencia seno para el resto del ejercicio.

b) Calcule las expresiones temporales y los fasores de i_R, i_L, i_C, v_R, v_L y v_C si $R = 5\,\Omega$, $C = 3\,\mu\text{F}$, $L = 2\,\mu\text{H}$ y $\omega = 10^6$ rad/s.

Solución

a) Usando referencia seno, el fasor de fuente sinusoidal es $\vec{I}_s = 5e^{j\pi/3}$.

Para calcular el fasor con referencia coseno escribimos la expresión de la fuente como $i_s(t) = 5\cos(\omega t + 60° - 90°) = 5\cos(\omega t - 30°)$. De este modo el fasor con referencia seno es $\vec{I}_s = 5e^{-j30°} = 5e^{-j\pi/6}$.

b) Dado que la resistencia, la bobina y el condensador se encuentran conectados en paralelo, comenzaremos calculando las representaciones fasoriales y temporales de las tensiones en estos elementos sabiendo que $v_R(t) = v_L(t) = v_C(t)$. Para ello usamos el valor de las impedancias $Z_L = j\omega L$ y $Z_C = \frac{1}{j\omega C}$ para simplificar el circuito.

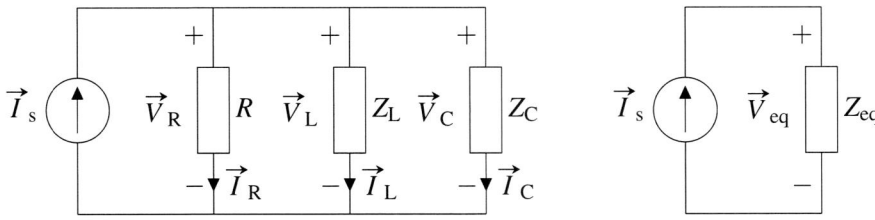

El valor de la resistencia equivalente del circuito puede calcularse, usando los valores numéricos de este ejercicio, como

$$\frac{1}{Z_{eq}} = \frac{1}{R} + \frac{1}{Z_C} + \frac{1}{Z_L} \rightarrow Z_{eq} = 0{,}3987e^{-j85{,}42°}$$

Las representaciones fasoriales y temporales de las tensiones en el circuito son

$$\vec{V}_{eq} = \vec{V}_R = \vec{V}_C = \vec{V}_L = Z_{eq}\vec{I}_s = 1{,}9935e^{-j25{,}42°}$$

Sabiendo la representación fasorial, la expresión temporal de estas tensiones con referencia seno es

$$v_R(t) = v_L(t) = v_C(t) = 1{,}9935\,\text{sen}(10^6 t - 25{,}42°)$$

Por último, para calcular las representaciones temporales y fasoriales de las corrientes que circulan por cada uno de los elementos del circuito usamos la formula del divisor de corriente:

$$\vec{I}_R = \vec{I}_s\frac{Z_{eq}}{R} = 0{,}3987e^{-j25{,}42°} \rightarrow i_R(t) = 0{,}3987\,\text{sen}(10^6 t - 25{,}42°)$$

$$\vec{I}_L = \vec{I}_s\frac{Z_{eq}}{Z_L} = 0{,}9968e^{-j115{,}42°} \rightarrow i_L(t) = 0{,}9968\,\text{sen}(10^6 t - 115{,}42°)$$

$$\vec{I}_C = \vec{I}_s\frac{Z_{eq}}{Z_C} = 5{,}98e^{j64{,}58°} \rightarrow i_C(t) = 5{,}98\,\text{sen}(10^6 t + 64{,}58°)$$

Problema 6. Dado el siguiente circuito y sabiendo que $e(t) = 10\cos(\omega t + 30°)$, responda a las siguientes preguntas:

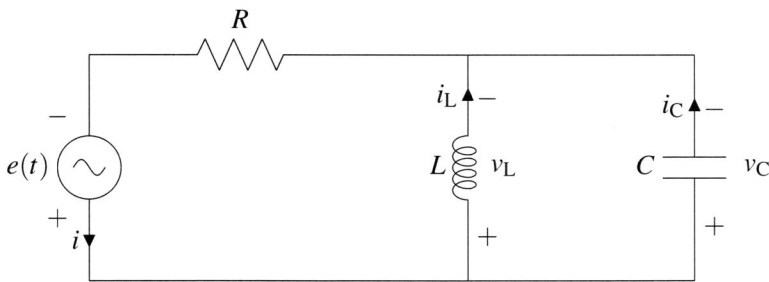

a) Calcule el fasor de la fuente con referencia seno y coseno. Escoja para los siguientes apartados referencia coseno.

b) Obtenga las expresiones temporales y fasores de $i(t)$, $i_L(t)$, $i_C(t)$, $v_L(t)$ y $v_C(t)$ cuando $R = 3\ \Omega$, $C = 2\ \mu F$, $L = 1\ \mu H$ y $\omega = 5 \cdot 10^6$ rad/s.

Solución

a) Utilizando referencia coseno, el fasor de la fuente sinusoidal es $\vec{E} = 10e^{j\pi/6}$.

Para calcular el fasor con referencia seno escribimos la expresión de la fuente como $e(t) = 10\,\text{sen}(\omega t + \frac{\pi}{6} + \frac{\pi}{2}) = 10\,\text{sen}(\omega t + \frac{2\pi}{3})$. De este modo el fasor con referencia seno es $\vec{E} = 10e^{j2\pi/3}$.

b) Empezamos calculando el fasor y la representación temporal de $i(t)$ y para ello simplificamos el circuito usando el valor de las impedancias $Z_L = j\omega L$ y $Z_C = \frac{1}{j\omega C}$ y la impedancia equivalente $Z_{LC} = \frac{Z_L Z_C}{Z_L + Z_C} = \frac{j\omega L}{1-(\omega/\omega_0)^2}$, donde $\omega_0 = 1/\sqrt{LC}$ representa la frecuencia de resonancia del sistema. Particularizando con los valores del problema $Z_{LC} = -j\frac{5}{49} = 0{,}102e^{-j\pi/2}$.

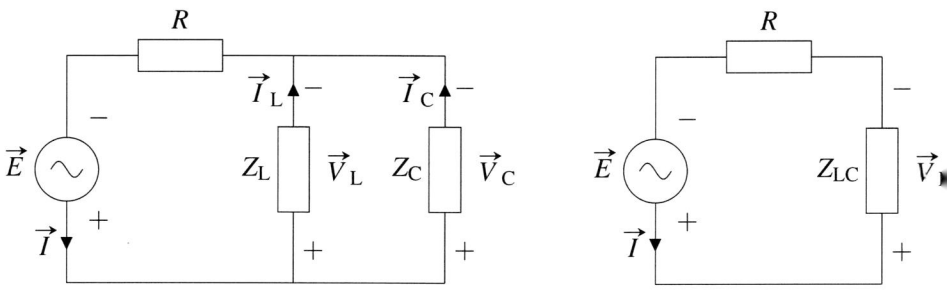

La representación fasorial de la corriente $i(t)$ se puede calcular como

$$\vec{I} = \frac{\vec{E}}{R+Z_{LC}} = \frac{10e^{j\pi/6}}{3-j\frac{5}{49}} = \frac{10e^{j\pi/6}}{3{,}002e^{-j0{,}034}} = 3{,}33e^{j0{,}5576} = 3{,}33e^{j31{,}95°}$$

Sabiendo la representación fasorial, la expresión temporal de esta corriente con referencia coseno es

$$i(t) = 3{,}33\cos(5\cdot10^6 t + 31{,}95°)$$

La representación fasorial de las tensiones $v_L(t)$ y $v_C(t)$ puede calcularse sabiendo que $\vec{V}_{LC} = \vec{V}_L = \vec{V}_C$ y su relación con $\vec{I}$. Por lo tanto:

$$\vec{V}_L = \vec{V}_C = Z_{LC}\,\vec{I} = Z_{LC}\frac{\vec{E}}{R+Z_{LC}} = 0{,}34e^{-j1{,}0132} = 0{,}34e^{-j58{,}05°}$$

Conociendo la representación fasorial, la expresión temporal de estas tensiones, con referencia coseno, es $v_L(t) = v_C(t) = 0{,}34\cos(5\cdot10^6 t - 58{,}05°)$.

Por último, la representación fasorial y temporal de las corrientes por el condensador y la bobina se puede expresar como

$$\vec{I}_L = \frac{\vec{V}_L}{Z_L} = 0{,}068e^{-j148{,}05°} \rightarrow i_L(t) = 0{,}068\cos(5\cdot10^6 t - 148{,}05°)$$

$$\vec{I}_C = \frac{\vec{V}_C}{Z_C} = 3{,}4e^{j31{,}95°} \rightarrow i_C(t) = 3{,}4\cos(5\cdot10^6 t + 31{,}95°)$$

Problema 7. Con un osciloscopio medimos $v(t)$ y $v_R(t)$ del siguiente circuitos, y observamos en su pantalla:

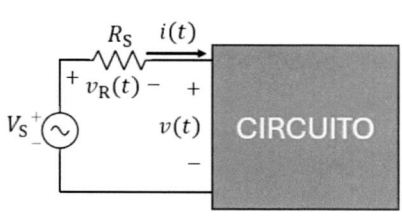

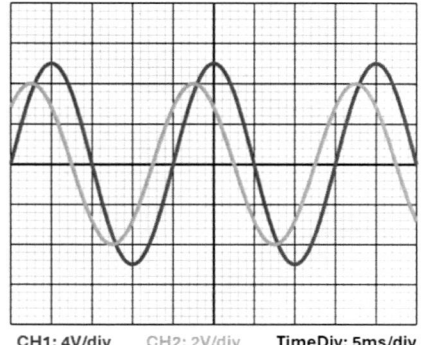

CH1: 4V/div   CH2: 2V/div   TimeDiv: 5ms/div

Sabiendo que $R_S = 1\,\Omega$, determine:

a) El periodo, la frecuencia y la frecuencia angular de ambas señales.

b) Desfase entre la tensión $v(t)$ y la corriente $i(t)$, θ, y el carácter inductivo o capacitivo del circuito.

c) Potencia media, aparente y reactiva.

Solución

a) Para calcular el periodo, podemos ver en la señal representada en el canal 1 que el periodo se corresponde con cuatro divisiones temporales. De este modo,

$$T = 4 \cdot 5\text{ ms} \rightarrow f = \frac{1}{T} = 50\text{ Hz} \rightarrow \omega = 2\pi f = 100\pi \text{ rad/s}$$

b) Para calcular el desfase entre tensión y corriente, en primer lugar obtenemos las expresiones matemáticas para ambas señales. Para la señal de tensión $v(t)$, vemos en la pantalla del osciloscopio que el periodo comienza en $t_0 = -5$ ms. Este tiempo de inicio de periodo se corresponde con una fase de $\phi = t_0\omega = \pi/2$. La expresión matemática de esta señal y su representación fasorial se pueden escribir como

$$v(t) = 10\,\text{sen}\left(100\pi t + \frac{\pi}{2}\right) \rightarrow \vec{V} = 10e^{j\pi/2}$$

Para la señal de tensión $v_R(t)$, vemos en la pantalla del osciloscopio que el periodo comienza en $t_0 = -7,5$ ms. Este tiempo de inicio de periodo se corresponde con una fase de $\phi = t_0\omega = 3\pi/4$. La expresión matemática de esta señal y su representación fasorial se pueden escribir como

$$v_R(t) = 4\,\mathrm{sen}\left(100\pi t + \frac{3\pi}{4}\right) \rightarrow \vec{V_R} = 4e^{j3\pi/4}$$

Sabiendo el valor de la resistencia R_S, el fasor de la corriente se puede calcular como $\vec{I} = \vec{V_R}/R_S = 4e^{j3\pi/4}$. Finalmente, la impedancia equivalente del circuito se puede calcular como

$$\vec{Z_{eq}} = \frac{\vec{V}}{\vec{I}} = 4e^{-j\pi/4}$$

El desfase entre tensión y corriente será $\theta = -\pi/4 < 0$, por lo que el circuito tiene un carácter capacitivo.

c) La potencia aparente: $S = \frac{V_0 I_0}{2} = 20$ VA
   La potencia media: $P = S\cos\theta = 14,14$ W
   La potencia reactiva: $Q = S\,\mathrm{sen}\,\theta = -14,14$ VAR

Problema 8. Considere el siguiente circuito formado por dos reactancias serie (X_s) y paralelo (X_p) de valor desconocido. Se pide obtener:

a) La expresión de la impedancia equivalente Z_{in}.

b) El valor de X_s y X_p para que $Z_{in} = R_g$.

c) El tipo de componente reactivo (condensador/bobina) a emplear en X_s y X_p y el valor de estos.

d) La potencia media en cada uno de los elementos del circuito.

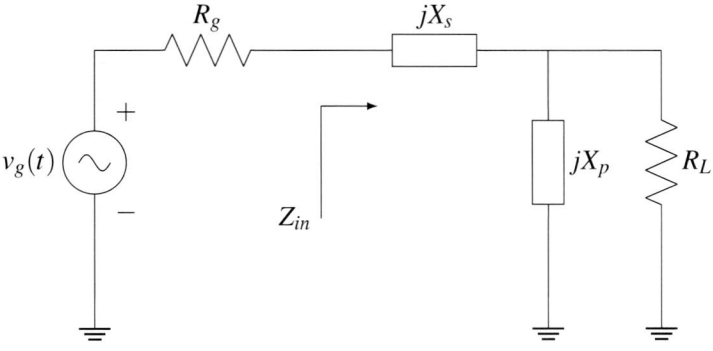

Datos:

$$v_g(t) = \sqrt{2}\cos(10^6 t) \text{ V}$$
$$R_g = 50\ \Omega,\ R_L = 200\ \Omega$$

Solución

a) $Z_{in} = \dfrac{R_L X_p^2}{R_L^2 + X_P^2} + j\left(X_s + \dfrac{X_p R_L^2}{R_L^2 + X_P^2}\right).$

b) $X_s = -86{,}64\ \Omega$ y $X_p = 115{,}47\ \Omega$.

c) X_s: Condensador de 11.54 nF. X_p: Bobina de 115.47 μH.

d) $P_{v_g} = -10$ mW. $P_{R_g} = 5$ mW. $P_{R_L} = 5$ mW. $P_L = P_C = 0$ W.

Problema 9. Considere el siguiente circuito formado por una impedancia de carga Z_L de valor desconocido y calcule:

a) El valor de Z_L para obtener máxima transferencia de potencia ($Z_L = Z_{eq}^*$).

b) Los componentes que formarían Z_L, su conexión (serie/paralelo) y su valor.

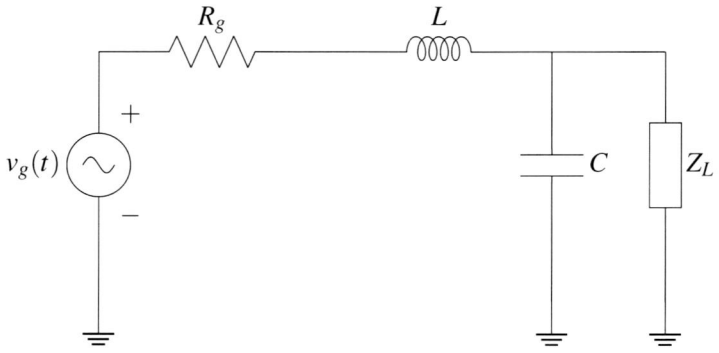

Datos:

$$v_g(t) = \sqrt{2}\cos(10^4 t) \text{ V}$$
$$L = 10 \text{ mH}$$
$$C = 1 \text{ nF}$$
$$R_g = 50 \text{ }\Omega$$

Solución

a) $Z_L = 50 + j10^5 \text{ }\Omega$.

b) Z_L: Resistencia de 50 Ω en serie con bobina de 10 H.

Capítulo 5

Análisis de circuitos en AC

Descripción y objetivos de los problemas

En este capítulo se analiza el comportamiento de circuitos en corriente alterna (CA) bajo régimen permanente sinusoidal. La resolución de estos circuitos se realiza en el dominio fasorial, por lo que es fundamental comprender la representación fasorial de la tensión y la corriente, el concepto de impedancia y la conversión entre el dominio temporal y fasorial, aspectos que fueron introducidos en el capítulo anterior. Además, se incorporan nuevos elementos de análisis, como los generadores dependientes de tensión o corriente y el transformador ideal. También se estudia la aplicación de los teoremas de superposición, Thévenin y Norton y máxima transferencia de potencia.

Los **problemas del 1 al 4** están dedicados al análisis de circuitos con múltiples mallas y generadores dependientes, haciendo especial énfasis en la aplicación del teorema de superposición. Este teorema resulta indispensable cuando el circuito contiene generadores de tensión o corriente que operan a diferentes frecuencias. Por otra parte, los generadores dependientes son componentes cuyo valor está determinado por una corriente o tensión en otro punto del circuito. Estos elementos se utilizan para modelar el comportamiento de dispositivos activos, tales como transistores o amplificadores operacionales.

En los **problemas del 5 al 9** se trabaja el cálculo de potencias en circuitos de corriente alterna, tanto en presencia de un único generador como de generadores que operan a diferentes frecuencias. De esta forma, se profundiza en la comprensión y el cálculo de las distintas formas de potencia en circuitos de corriente alterna: la potencia activa, que representa la energía realmente consumida por las cargas; la potencia reactiva, asociada al intercambio de energía entre los elementos inductivos y capacitivos del circuito; y la potencia aparente, que combina ambas y representa la potencia total suministrada por la fuente. La correcta identificación y diferenciación de estos conceptos es esencial para el análisis y diseño eficiente de sistemas en corriente alterna.

Los **problemas del 10 al 16** están dedicados a la resolución de circuitos mediante la aplicación de los teoremas de Thévenin y Norton. A lo largo de estos problemas se trabaja el cálculo de la impedancia equivalente y la obtención de la tensión de Thévenin y la corriente de Norton tanto en el dominio fasorial como temporal. Además, se estudia cómo estos teoremas facilitan el cálculo de la potencia entregada a una carga y permiten determinar el valor óptimo de la impedancia de carga que maximiza dicha potencia, mediante la aplicación del teorema de máxima transferencia de potencia. Por último, el **problema 14** introduce la resolución de un circuito con un transformador ideal, mientras que los **problemas 15 y 16** muestran su uso como elemento adaptador de impedancias, destacando su papel en la mejora del acoplamiento entre fuente y carga. El capítulo finaliza con los **problemas 17 y 18** que no están resueltos y se indica solo la solución para que el lector pueda poner a prueba los conocimientos adquiridos.

Problema 1. Considere el siguiente circuito:

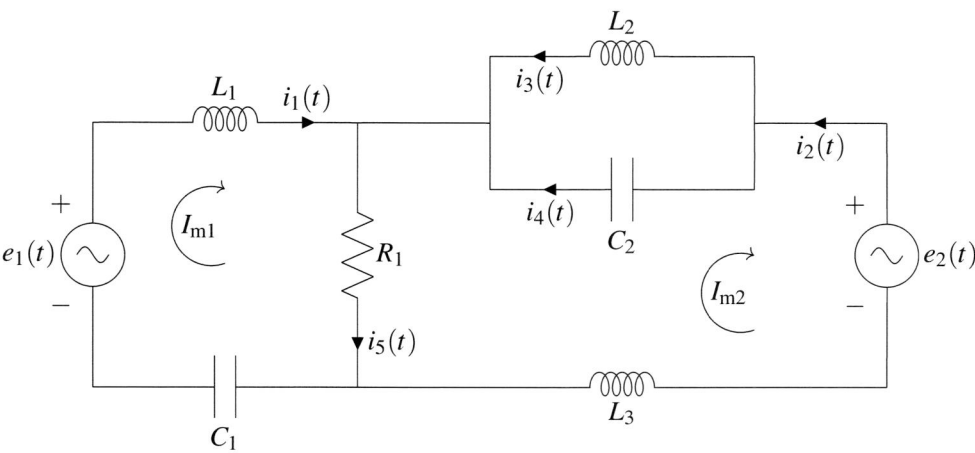

Datos:

$$e_1(t) = 2\cos(10^3 t)V, e_2(t) = 2\,\text{sen}(10^3 t)V$$
$$R_1 = 2\ \Omega$$
$$C_1 = \frac{1}{4}\ \text{mF}, C_2 = \frac{5}{4}\ \text{mF}$$
$$L_1 = 6\ \text{mH}, L_2 = 1\ \text{mH}, L_3 = 2\ \text{mH}$$

Calcule:

a) La impedancia equivalente del paralelo entre L_2 y C_2.

b) La corriente de la malla 1 y de la malla 2, tanto en forma fasorial como de forma temporal. Asuma la expresión cosenoidal de los generadores y el sentido indicado en el circuito.

c) La corriente que circula por la resistencia R_1.

Solución

a) En primer lugar obtenemos la impedancia de los componentes del circuito considerando que la frecuencia angular, ω, es 10^3 rad/s.

165

$$Z_{L_1} = j\omega L_1 = j6 \ \Omega$$

$$Z_{C_1} = \frac{-j}{\omega C_1} = -j4 \ \Omega$$

$$Z_{L_2} = j\omega L_2 = j \ \Omega$$

$$Z_{C_2} = \frac{-j}{\omega C_1} = -j\frac{4}{5} \ \Omega$$

$$Z_{L_3} = j\omega L_3 = j2 \ \Omega$$

A continuación obtenemos los fasores de los generadores (con referencia coseno):

$$e_1(t) \rightarrow E_1 = 2 \ V$$

$$e_2(t) = 2\cos\left(10^3 t - \frac{\pi}{2}\right) \rightarrow E_2 = 2e^{-j\frac{\pi}{2}} = -j2 \ V$$

Por lo tanto, el circuito genérico con fasores e impedancias quedaría de la siguiente forma:

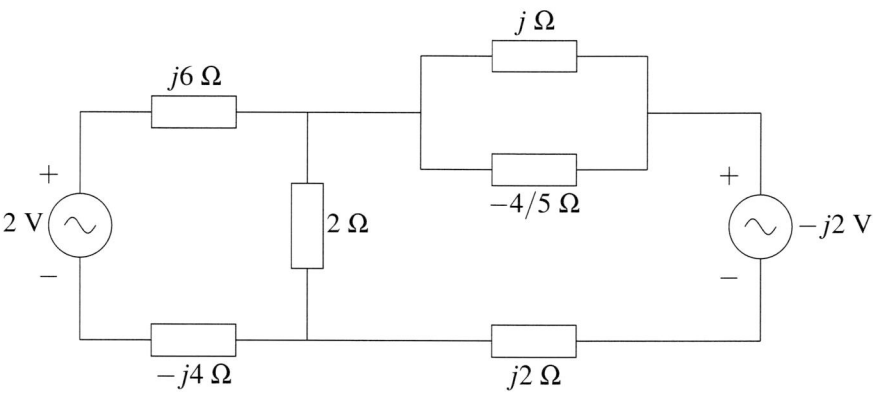

El equivalente paralelo entre L_2 y C_2 es por lo tanto:

$$L_2//C_2 = \frac{Z_{L_2} + Z_{C_2}}{Z_{L_2}Z_{C_2}} = -j4 \; \Omega$$

b) A partir de la solución anterior podemos respresentar el circuito simplificado de la siguiente forma:

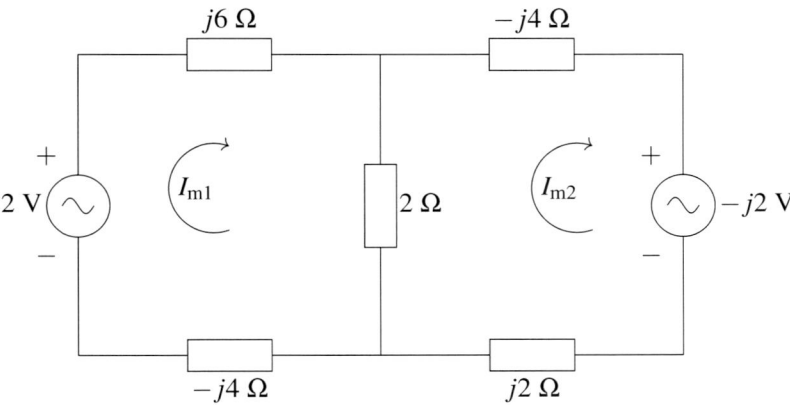

Para calcular las corrientes I_{m1} e I_{m2}, aplicamos el método de las mallas:

$$\begin{pmatrix} 2+j2 & -2 \\ -2 & 2-j2 \end{pmatrix} \begin{pmatrix} I_{m1} \\ I_{m2} \end{pmatrix} = \begin{pmatrix} 2 \\ j2 \end{pmatrix}$$

Dando como resultado $I_{m1} = 1$ A e $I_{m2} = j$ A. En forma temporal, considerando la expresión coseinodal, obtenemos $i_{m1}(t) = \cos(10^3 t)$ A e $i_{m2}(t) = \cos(10^3 t + \pi/2)$ A.

c) La corriente que circula por R_1, I_{R_1}, se obtiene como $I_{m1} - I_{m2}$. Por lo tanto, $I_{R_1} = 1 - j$ A. La expresión fasorial y temporal sería $\sqrt{2}e^{-j\pi/4}$ A y $\sqrt{2}\cos(10^3 t - \pi/4)$ A, respectivamente.

Problema 2. Considere el siguiente circuito y calcule la corriente i_t:

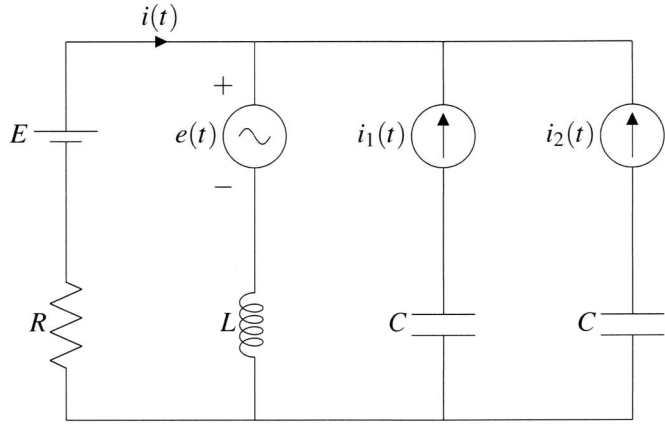

Datos:

$$E = 10\,V,\ e(t) = 2\cos(10^3 t),\ i_1(t) = 4\,\mathrm{sen}(2 \cdot 10^3 t),\ i_2 = 4\cos(4 \cdot 10^3 t)$$
$$R = 2\,\Omega,\ L = 2\,\mathrm{mH},\ C = 125\,\mu F$$

Solución

Para resolver el problema aplicamos el teorema de superposición ya que tenemos una fuente DC y las tres fuentes AC tienen frecuencias distintas.

En primer lugar calculamos la corriente DC, i_{DC}, considerando que las fuentes de tensión y corriente se convierten en un cortocircuito y un circuito abierto, respectivamente. De esta forma, el circuito equivalente quedaría para este caso:

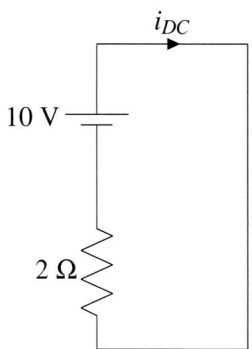

Fácilmente podemos obtener $i_{DC} = 10/2 = 5$ A.

A continuación obtenemos la corriente, $i_{f_1}(t)$, asociada al generador $e(t)$. La impedancia de la bobina L es para este caso $Z_L = j\omega_{f_1}L = j2\ \Omega$. El circuito equivalente para este caso sería:

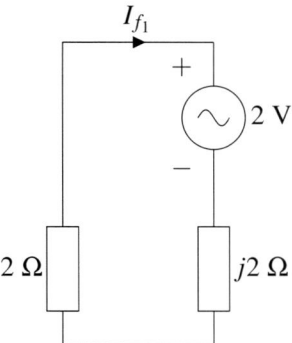

El valor de $i_{f_1}(t)$ lo podemos obtener fácilmente a partir de su forma fasorial, I_{f_1}, como:

$$I_{f_1} = \frac{-2}{2+j2} = -0{,}5 + j0{,}5 = \frac{1}{\sqrt{2}}e^{j3\pi/4}\ A \rightarrow i_{f_1(t)} = \frac{1}{\sqrt{2}}\cos\left(10^3 t + \frac{3\pi}{4}\right)\ A$$

Realizamos el mismo procedimiento con la fuente $i_1(t)$ para obtener su corriente asociada $i_{f_2}(t)$, considerando que $\omega = \omega_{f_2} = 2 \cdot 10^3$ rad/s. De esta forma, el circuito equivalente sería:

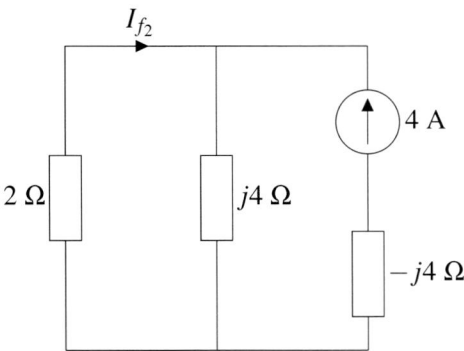

A partir de la forma fasorial, la corriente pedida se puede calcular utilizando la expresión del divisor de corriente:

$$I_{f_2} = -4\frac{j4}{2+j4} = -3{,}2 - j1{,}6 = 3{,}578e^{-j2{,}68} \rightarrow i_{f_2}(t) = 3{,}578\,\text{sen}(2\cdot 10^3 t - 2{,}68)\,A$$

Por último, de forma análoga calcularemos la corriente $i_{f_3}(t)$ asociada al generador $i_2(t)$. El circuito equivalente quedaría:

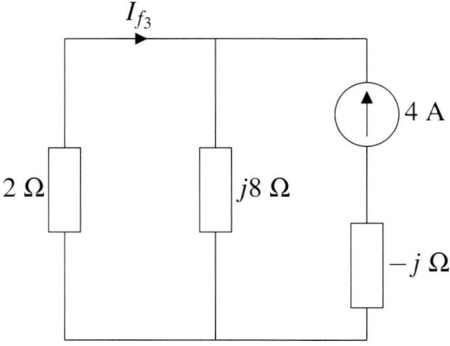

A través del divisor de corriente calculamos la corriente $i_{f_3}(t)$:

$$I_{f_3} = -4\frac{j8}{2+j8} = -3{,}765 - j0{,}991 = 3{,}88e^{-j2{,}897} \rightarrow i_{f_3}(t) = 3{,}88\cos(4\cdot 10^3 t - 2{,}897)\,A$$

Por último, la corriente $i(t)$ la obtenemos como la suma de las corrientes que hemos calculado:

$$i(t) = i_{DC} + i_{f_1}(t) + i_{f_2}(t) + i_{f_3}(t) = 5 + \frac{1}{\sqrt{2}}\cos\left(10^3 t + \frac{3\pi}{4}\right) +$$
$$+ 3{,}578\,\text{sen}(2\cdot 10^3 t - 2{,}68) + 3{,}88\cos(4\cdot 10^3 t - 2{,}897)\,A$$

Problema 3. Considere el siguiente circuito y calcule la tensión en la resistencia R_3, $v_3(t)$:

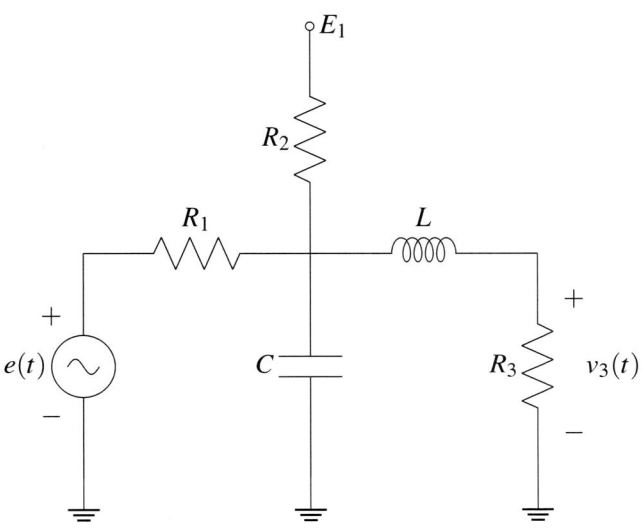

Datos:

$$E_1 = 12\,V,\ e(t) = 4\cos(100t)$$
$$R = 500\,\Omega,\ R_2 = 1\,k\Omega,\ R_3 = 3\,k\Omega,\ L = 20\,H,\ C = 1\,\mu F$$

Solución

En primer lugar resolvemos el circuito en DC. De esta forma, la fuente $e(t)$ se convierte en un cable mientras que el condensador C se transforma en un abierto, quedando así el circuito equivalente:

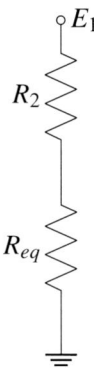

La resistencia equivalente R_{eq} se obtiene como el paralelo de R_1 con R_3. De esta forma el valor de v_3^{DC} se obtiene como a través del divisor resistivo de R_2 y R_{eq}:

$$v_3^{DC} = E_1 \frac{R_{eq}}{R_{eq} + R_2} = 12 \frac{3/7 \cdot 10^3}{3/7 \cdot 10^3 + 10^3} = 3,6 \, V$$

A continuación, resolvemos el circuito en AC. La fuente E_1 se convierte en un cortocircuito y la impedancia equivalente Z_{eq} se obtiene como el paralelo de la impedancia del condensador C con la resistencia R_2. El circuito equivalente quedaría de la siguiente forma:

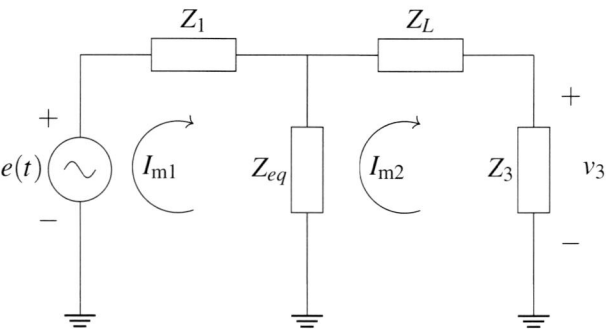

Las impedancias de los componentes son:

$$Z_1 = 500 \, \Omega, \, Z_3 = 3 \, k\Omega, \, Z_L = j\omega L = j2 \, k\Omega, \, Z_{eq} = Z_2 // Z_C = 990,1 - j99 \, \Omega.$$

Resolvemos las mallas α y β para obtener las corrientes asociadas I_{m1} y I_{m2}:

$$\begin{pmatrix} Z_1 + Z_{eq} & -Z_{eq} \\ -Z_{eq} & Z_3 + Z_L + Z_{eq} \end{pmatrix} \begin{pmatrix} I_{m1} \\ I_{m2} \end{pmatrix} = \begin{pmatrix} E \\ 0 \end{pmatrix}$$

con lo que

$$\begin{pmatrix} 1490,1 - j99 & -990,1 + j99 \\ -990 + j99 & 3990,1 + j1901 \end{pmatrix} \begin{pmatrix} I_{m1} \\ I_{m2} \end{pmatrix} = \begin{pmatrix} 4 \\ 0 \end{pmatrix}$$

y resolviendo el sistema obtenemos

$$I_{m1} = 3,05 - j0,0825 \text{ mA y } I_{m2} = 0,577 - j0,3713 \text{ mA}$$

De ahí, podemos obtener la tensión $v_3^{AC} = Z_3 I_{m2} = 2,06 e^{-j0,5713}$ V.

Por último, la tensión $v_3(t)$ se resuelve como:

$$v_3(t) = v_3^{DC} + v_3^{AC}(t) = 3,6 + 2,06\cos(100t - 0,5713) \text{ V.}$$

Problema 4. Considere el siguiente circuito y calcule el valor de la corriente I aplicando el teorema de superposición:

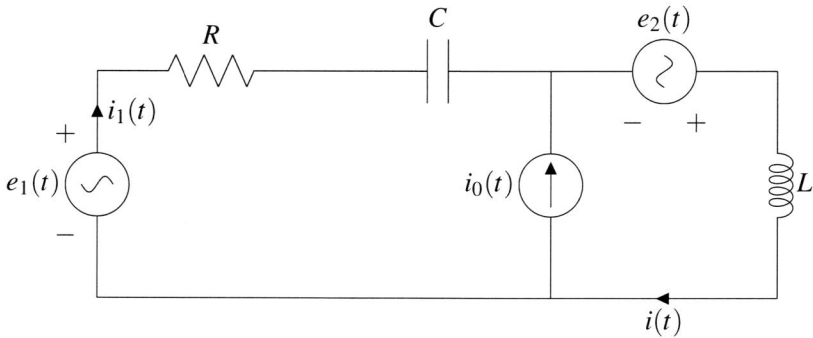

Datos:

$$e_1(t) = 2\cos(10^3 t) \text{ V}, \ e_2(t) = 2i_1(t) \text{ V}, \ i_0(t) = 4\,\text{sen}(2 \cdot 10^3 t) \text{ A}$$
$$R = 5 \ \Omega, \ L = 2 \text{ mH}, C = 1 \text{ mF}$$

Solución

En primer lugar vamos a considerar que la fuente $i_0(t)$ está desconectada. De esta forma, el circuito en AC queda de la siguiente forma:

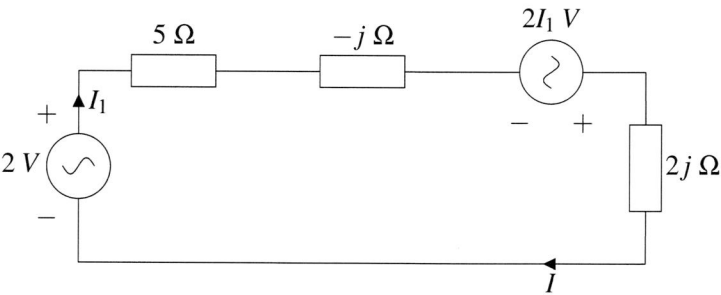

Obtenemos el valor del fasor I aplicando la Ley de Kirchoff de las tensiones. Como únicamente existe una malla, $I_1 = I$. De forma que:

$$-2 + 5I - jI - 2I + 2jI = 0 \rightarrow I = \frac{2}{3+j} = 0{,}6 - 0{,}2j \text{ A} = 0{,}633 e^{-j0{,}322} \text{ A}$$

Por lo tanto, en este primer caso $i'(t) = 0{,}633\cos(10^3 t - 0{,}322)$ A.

A continuación, desconectamos la fuente $e_1(t)$. La fuente $e_2(t)$ no se puede anular ya que es una fuente dependiente. De esta forma, el circuito AC para este segundo supuesto queda como:

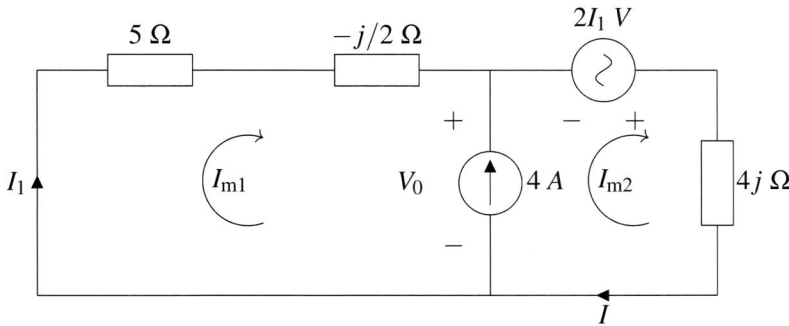

Aplicando la Ley de Kirchoff de las tensiones, obtenemos para las dos mallas definidas como m_1 y m_2:

$$5I_{m1} - \frac{j}{2}I_{m1} + V_0 = 0 \text{ (Malla 1)}$$
$$-2I_{m1} + 4jI_{m2} - V_0 = 0 \text{ (Malla 2)}$$

La relación entre I_{m1} e I_{m2} la obtenemos a través de la Ley de Kirchoff de las corrientes como $I_{m2} = 4 + I_{m1}$. De esta forma podemos resolver el sistema anterior y obtener I_{m1}:

$$\begin{pmatrix} 5 - j/2 & 1 \\ 2 - 4j & 1 \end{pmatrix} \begin{pmatrix} I_{m1} \\ V_0 \end{pmatrix} = \begin{pmatrix} 0 \\ 16j \end{pmatrix} \rightarrow I_{m1} = -2{,}635 - j2{,}259 \, A$$

Como consecuencia, el fasor $I_{m1} = 1{,}365 - j2{,}259 \, A = 2{,}639 e^{-j1{,}027} \, A$.

Quedando de esta forma la corriente $i''(t) = 2{,}639 \, \text{sen}(2 \cdot 10^3 t - 1{,}027) \, A$.

Por último, obtenemos la corriente $i(t)$:

$$i(t) = i'(t) + i''(t) = 0{,}633 \cos(10^3 t - 0{,}322) + 2{,}639 \, \text{sen}(2 \cdot 10^3 t - 1{,}027) \, A.$$

Problema 5. Considere el siguiente circuito y calcule la potencia activa, reactiva, aparente y el factor de potencia:

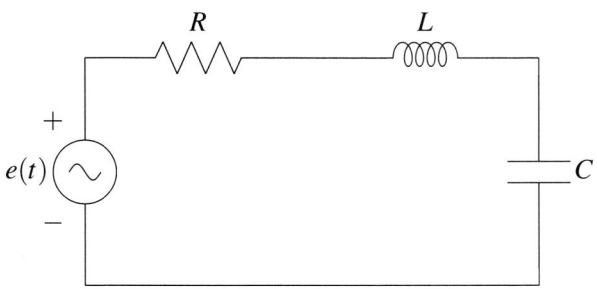

Datos:

$$e(t) = 2\cos(10^3 t)\ V$$
$$R = 2\ \Omega,\ C = 1{,}11\ \text{mF},\ L = 5\ \text{mH}$$

Solución

En primer lugar calculamos el circuito fasorial equivalente:

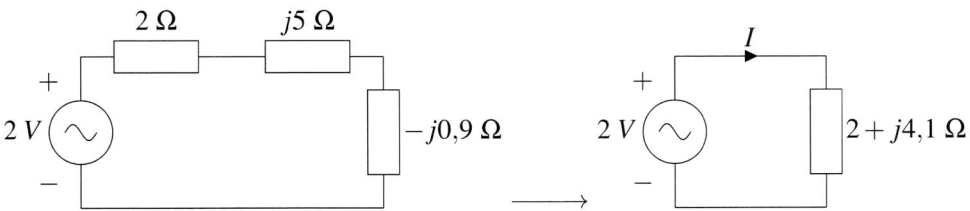

El valor del fasor de la corriente I lo obtenemos utilizando la ley de Ohm:

$$I = \frac{2}{2 + j4{,}1} = 0{,}192 - 0{,}394 = 0{,}438 e^{-j1{,}117}\ A$$

De ahí obtenemos los valores de potencia activa y reactiva en los elementos R, L y C:

$$P_R = \frac{1}{2} R |I|^2 = \frac{1}{2} \cdot 2 \cdot 0{,}438^2 = 0{,}192\ W$$

$$Q_L = \frac{1}{2} X_L |I|^2 = \frac{1}{2} \cdot 5 \cdot 0{,}438^2 = 0{,}48\ VAR$$

$$Q_C = \frac{1}{2}X_C|I|^2 = \frac{1}{2} \cdot (-0,9) \cdot 0,438^2 = -0,086 \; VAR$$

La potencia activa del circuito sería $P = P_R = 0,192$ W y la reactiva $Q = Q_L + Q_C = 0,48 - 0,086 = 0,394$ VAR.

A partir de estos valores, la potencia aparente S y el factor de potencia FP se podría obtener como:

$$S = \sqrt{P^2 + Q^2} = \sqrt{0,192^2 + 0,394^2} = 0,4383 \; VA$$

$$FP = \cos\theta = \frac{P}{S} = \frac{0,192}{0,438} = 0,4381$$

Problema 6. Considere el siguiente circuito y calcule el valor de la corriente $i(t)$ y las potencias activas en los elementos $e_1(t)$, E_2 y R:

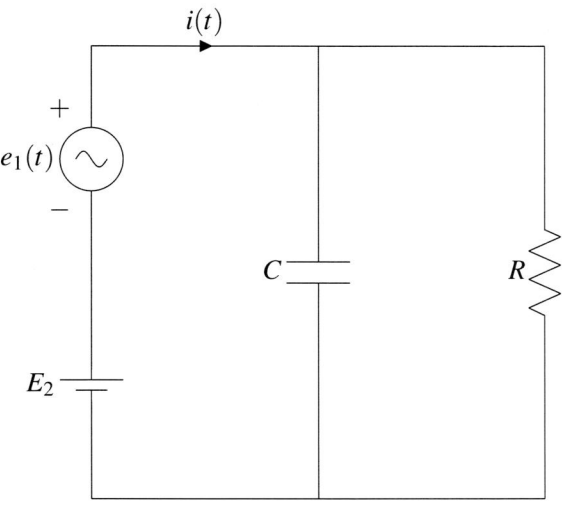

Datos:

$$e_1(t) = \sqrt{8}\cos(100\pi t + \pi/4)\ V,\ E_2 = 5\ V$$
$$R = 1\ \Omega,\ C = 1/100\pi\ F$$

Solución

Aplicamos el teorema de superposición para realizar el análisis en DC y AC. En primer lugar, consideramos únicamente la fuente de DC E_2. De esta forma, el circuito equivalente queda como:

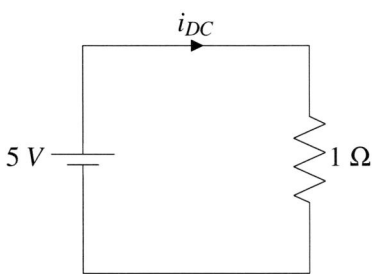

Para este supuesto, los valores pedidos se obtienen de forma sencilla:

$$i_{DC} = 5/1 = 5 \ A$$

$$P_{R,DC} = 1 \cdot 5^2 = 25 \ W$$

$$P_{E_2} = 5 \cdot (-5) = -25 \ W$$

En segundo lugar, realizamos el analisis en AC dejando la fuente E_2 cortocircuitada. El circuito equivalente queda de la siguiente forma:

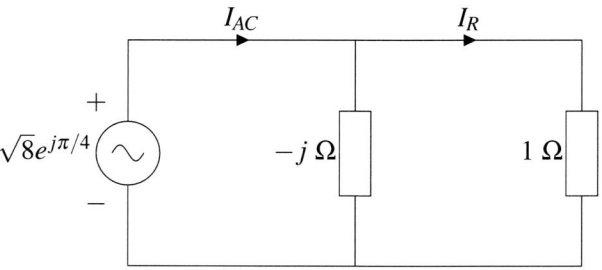

El valor de I_{AC} lo obtenemos como $I_{AC} = \dfrac{\sqrt{8}e^{j\pi/4}}{-j//1} = 4j \ A$

mientras que $I_R = \dfrac{\sqrt{8}e^{j\pi/4}}{1} = \sqrt{8}e^{j\pi/4} \ A$

A continuación calculamos las potencias activas en AC:

$$P_{R,AC} = \frac{1}{2} \cdot 1 \cdot (\sqrt{8})^2 = 4 \ W$$

$$P_{e_1} = \frac{1}{2}\Re\left(\sqrt{8}e^{j\pi/4} \cdot 4j\right) = -4 \ W$$

Finalmente, obtenemos la expresión temporal de $i(t)$:

$$i(t) = i_{DC} + i_{AC}(t) = 5 + 4\cos(100\pi t + \pi/2) \ A$$

y la potencia disipada en R como:

$$P_R = P_{R,DC} + P_{R,AC} = 25 + 4 = 29 \ W$$

Problema 7. Considere el siguiente circuito y calcule el valor de potencia activa en las fuentes $i_g(t)$ e I:

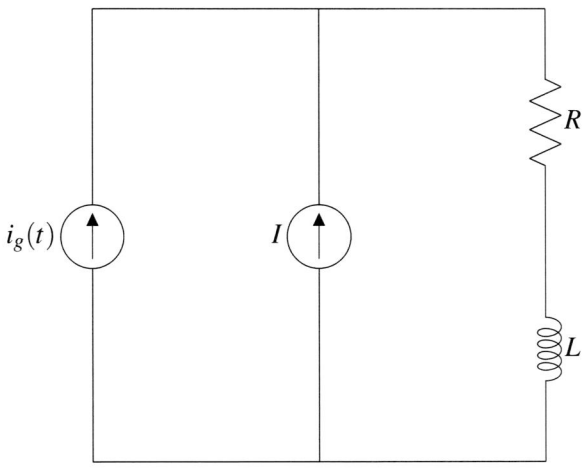

Datos:

$$i_g(t) = 2\,\text{sen}(10^3\pi t + \pi/2)\ A,\ I = 5\ A$$
$$R = 3\ \Omega,\ L = 1\ \text{mF}$$

Solución

Aplicamos el teorema de superposición para realizar el análisis en DC y AC. En primer lugar, consideramos únicamente la fuente de corriente DC I. De esta forma, el circuito equivalente queda como:

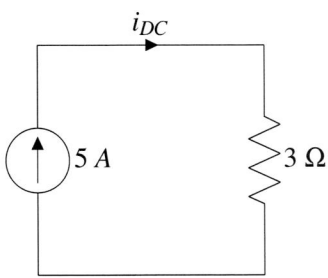

El valor de la potencia activa entregada por la fuente I se obtiene como:

$$P_I = 15 \cdot (-5) = -75 \text{ W}$$

En segundo lugar, consideramos la fuente AC $i_g(t)$ dejando desconectada (abierta) la fuente DC. El circuito equivalente queda de la siguiente forma:

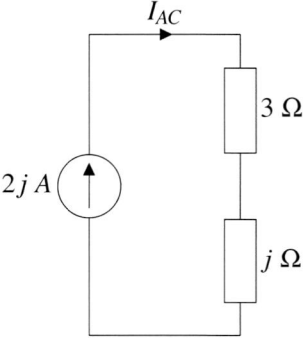

En este caso, el valor de la potencia activa entregada por la fuente de corriente AC es:

$$P_{Ig} = \frac{1}{2} \Re \left\{ 2j(3+j) \cdot (-2j)^* \right\} = -6 \text{ W}$$

Problema 8. En primer lugar, considere el siguiente circuito y calcule:

a) La impedancia equivalente entre los terminales A y B para una frecuencia de 0 Hz.

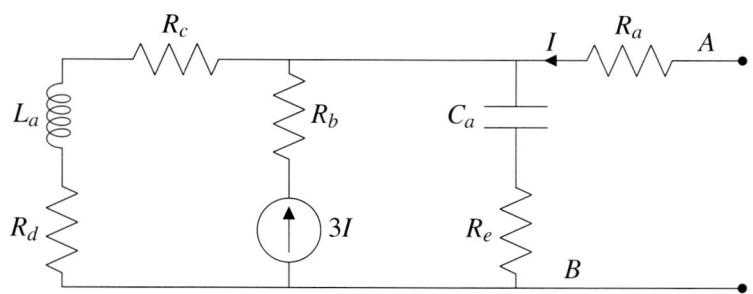

$$R_a = 1\,\Omega,\ R_b = 5\,\Omega,\ R_c = 2\,\Omega,\ R_d = 3\,\Omega,\ R_e = 1\,\Omega,\ C_a = 2\text{F},\ L_a = 5\text{H}$$

Ahora considere el circuito que se muestra más abajo y calcule:

b) La potencia consumida en la resistencia R_3.

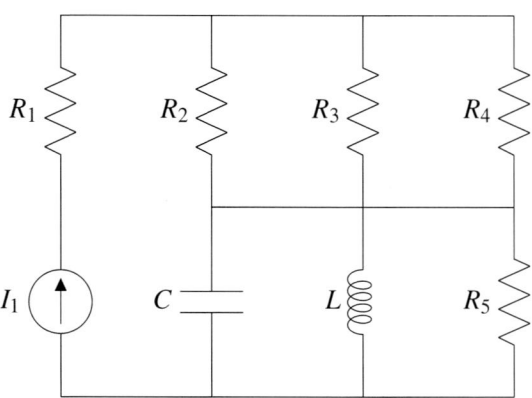

$$I_1 = 12\text{A},\ R_1 = 3\,\Omega,\ R_2 = 4\,\Omega,\ R_3 = 4\,\Omega,\ R_4 = 1\,\Omega,\ R_5 = 1/3\,\Omega,\ C = 1/2\text{mF},\ L = 2\text{mH}$$

Al circuito anterior se le añade una rama con generadores sinusoidales y un condensador dando lugar al siguiente circuito:

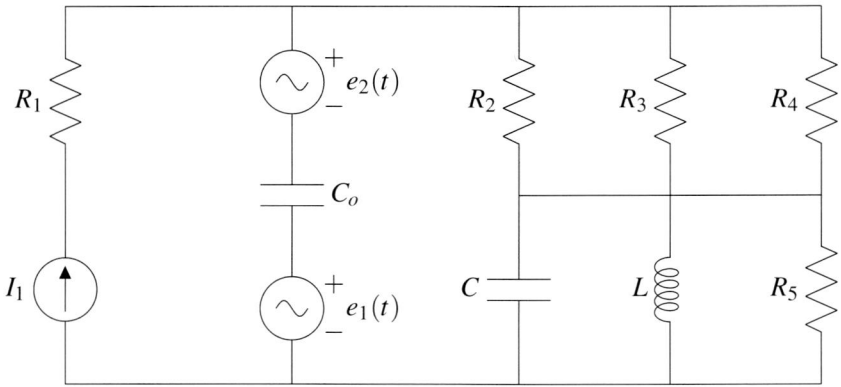

$$e_1(t) = 12\,\mathrm{sen}(1000t - \pi)\ V,\ e_2(t) = 36\cos(1000t)\ V,\ C_o = 1/2\mathrm{mF}$$

En este nuevo circuito calcule:

c) La expresión temporal de la corriente que circula por la resistencia R_3 utilizando la referencia coseno.

d) La potencia total consumida en la resistencia R_3.

e) La potencia en el generador de corriente I_1.

f) La potencia en el generador de tensión $e_1(t)$.

Solución

a) La bobina se comporta como un cortocircuito mientras que el condensador se comporta como un circuito abierto al considerarse una frecuencia de 0 Hz. Por otra parte, necesitamos conectar un generador externo de valor conocido para calcular la impedancia equivalente. Por tanto, el circuito resultante es el siguiente:

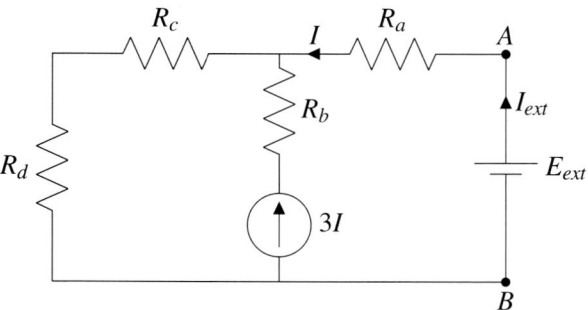

De forma que:

$$Z_{eq} = \frac{E_{ext}}{I_{ext}} = \frac{E_{ext}}{I}$$

Aplicando la ley de Kirchhoff de las tensiones:

$$E_{ext} = IR_a + 4I(R_d + Rc)$$

Con lo que:

$$Z_{eq} = R_a + 4(R_d + Rc) = 21\,\Omega$$

b) El generador de corriente es un generador DC por lo que el circuito puede simplificarse a:

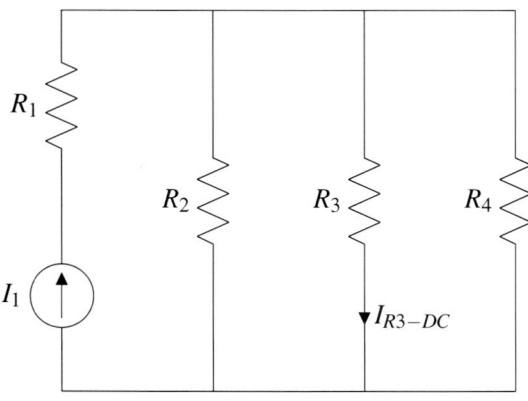

Considerando R_{234} como la resistencia resultante de agrupar R_2, R_3 y R_4 y aplicando la fórmula del divisor de corriente:

$$I_{R3-DC} = I_1 \frac{R_{234}}{R_3} = 2\text{A}$$

La potencia consumida en R_3 se obtiene a partir:

$$P_{R3-DC} = I_{R3-DC}^2 R_3 = 16\text{W}$$

c) En este caso se ha añadido al circuito anterior un generador en AC por lo que será necesario aplicar superposición. El circuito en AC es el siguiente:

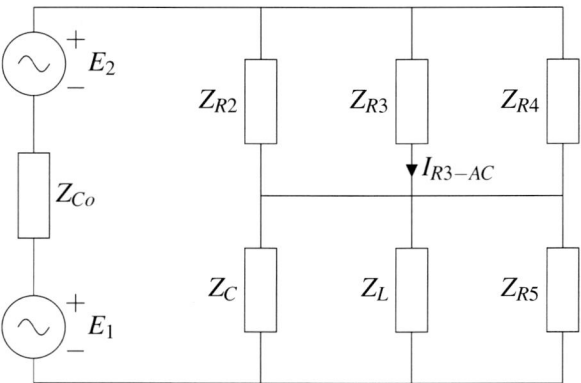

Usamos la referencia coseno para obtener el fasor de los generadores de tensión: $E_1 = j12$ y $E_2 = 36$. Por otra parte, el paralelo de Z_C y Z_L da una impedancia de valor infinito con lo que podemos simplificar el circuito a:

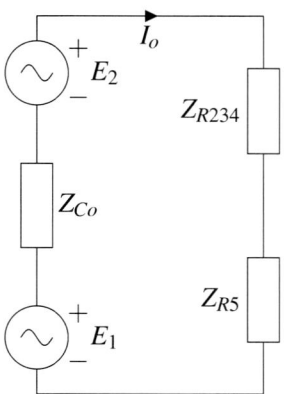

con lo que:

$$I_o = \frac{E_1 + E_2}{Z_{Co} + Z_{R234} + Z_5} = 2,4 + j16,8 \text{A}$$

Aplicando la fórmula del divisor de corriente:

$$I_{R3-AC} = I_o \frac{Z_{234}}{Z_{R3}} = 0,4 + j2,8 \text{A}$$

cuya expresión temporal es:

$$i_{R3-AC}(t) = \sqrt{8}\cos(100t + 1,429)\text{A}$$

La corriente total que circula por R_3 será:

$$i_{R3}(t) = i_{R3-DC}(t) + i_{R3-AC}(t) = 2 + \sqrt{8}\cos(100t + 1,429)\text{A}$$

d) La potencia consumida en R_3 debida al generador de AC se puede calcular a partir de:

$$P_{R3-AC} = \frac{1}{2}R_3|I_{R3-AC}|^2 = 16\text{W}$$

con lo que la potencia total consumida será:

$$P_{R3} = P_{R3-DC} + P_{R3-AC} = 16 + 16 = 32\text{W}$$

e) El generador de corriente I_1 es un generador DC por lo que la potencia se calcula a partir de:

$$P_{I1} = -I_1 V_I$$

siendo V_I la tensión entre los terminales del generador la cual puede obtenerse de:

$$V_I = I_1(R_1 + R_{234}) = 44\text{V}$$

de forma que:

$$P_{I1} = -528\text{W}$$

y el signo menos nos indica que dicha potencia es entregada al circuito.

f) El generador de tensión $e_1(t)$ es un generador AC por lo que la potencia se calcula a partir de su fasor:

$$P_{e1} = -\frac{1}{2}\Re[E_1 I_o^*] = -\frac{1}{2}\Re[(j12)(2,4 - j16,8)] = -100,8\text{W}$$

y el signo menos nos indica que dicha potencia es entregada al circuito.

Problema 9. El siguiente circuito muestra tres generadores (uno de continua, y dos de dos frecuencias distintas), conectados a una carga (resistencia R_o) a través de un circuito formado por resistencias, bobina y condensador. Este circuito transmite de diferente manera las señales hasta la resistencia de carga en función de la frecuencia de las mismas.

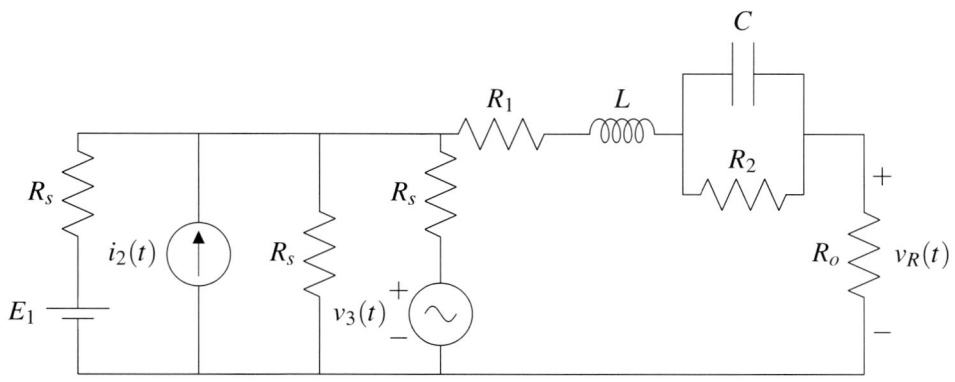

$$R_s = 3\,\Omega, R_1 = 2\,\Omega, R_2 = 2\,\Omega, R_o = 1\,\Omega, L = 2m\text{H}, C = 1m\text{F}$$

$$E_1 = 9\text{V}, i_2(t) = 3\cos(500t)\text{A}, v_3(t) = 9\cos(1500t)\text{V}$$

Calcule:

a) La tensión $v_R(t)$ en bornes de la resistencia R_o.

b) La potencia absorbida por dicha resistencia.

Solución

a) Debemos aplicar superposición, ya que existen tres generadores trabajando a tres frecuencias distintas (continua, ω_1=500 rad/s y ω_2=1500 rad/s).

En primer lugar analizaremos la tensión v_R^{DC} que produce la fuente de continua en la resistencia de salida R_o. Para ello, debemos desconectar los generadores $i_2(t)$ y $v_3(t)$, y además debemos tener en cuenta que en continua la bobina se comportará como un cortocircuito, y el condensador como un circuito abierto. Por tanto, el circuito quedará de la siguiente manera:

189

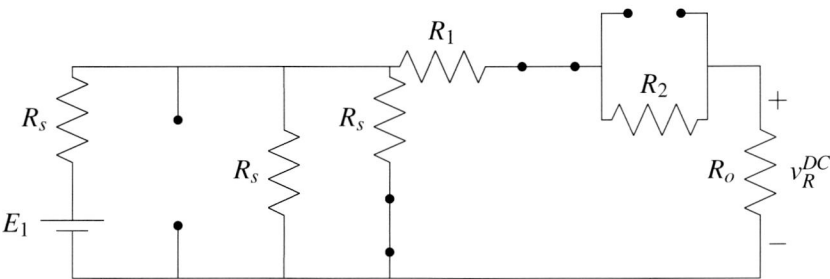

Para analizarlo de manera sencilla, nos interesa reducir el circuito. Para eso, convertimos primero la fuente de tensión en serie con una resistencia en fuente de corriente en paralelo con resistencia.

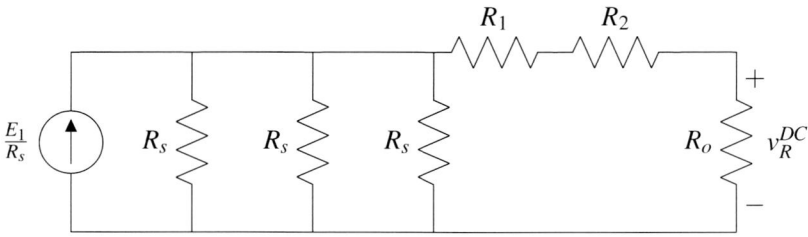

Y a continuación agrupamos resistencias en paralelo y resistencias en serie:

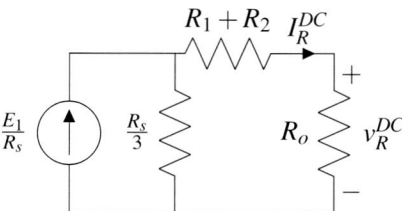

Ahora podemos ya obtener la tensión en bornes de la resistencia R_o de manera sencilla utilizando el divisor de corriente para calcular I_R^{DC}:

$$I_R^{DC} = \frac{E_1}{R_s} \frac{R_s/3}{(R_s/3 + R_1 + R_2 + R_o)} = \frac{9}{3} \frac{3/3}{(3/3 + 2 + 2 + 1)} = 3 \frac{1}{6} = 0{,}5\,\text{A}$$

Y finalmente:

$$v_R^{DC} = R_o I_R^{DC} = 1 \cdot 0{,}5 = 0{,}5\,\text{V}$$

A continuación vamos a calcular la tensión en bornes de R_o cuando sólo está activada la fuente de pulsación $\omega_1 = 500$ rad/s. Para ello, desconectamos las fuentes de continua y la de pulsación ω_2, y, además, calculamos las impedancias de cada componente y el fasor que corresponde al generador (con referencia coseno):

$$
\begin{aligned}
\omega_1 &= 500 \text{ rad/s} \\
j\omega_1 L &= j \cdot 500 \cdot 2 \cdot 10^{-3} = j \\
\frac{-j}{\omega_1 C} &= \frac{-j}{500 \cdot 10^{-3}} = -2j \\
i_2(t) &= 3\cos(500t) \rightarrow I_2 = 3
\end{aligned}
$$

El circuito, trabajando con fasores e impedancias, y desconectando las fuentes de continua y de ω_2, queda de la siguiente manera:

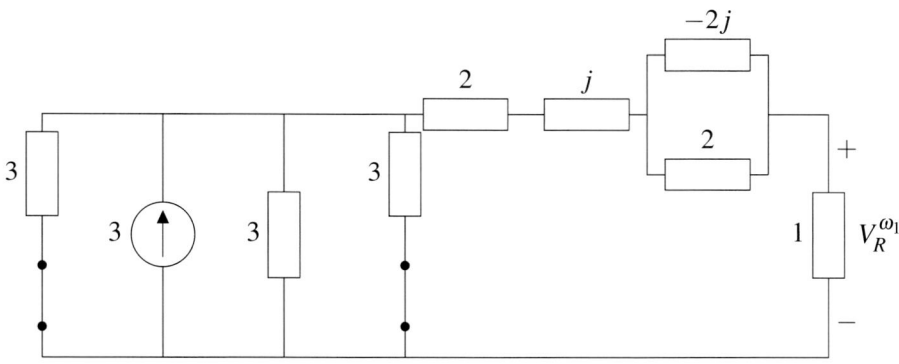

Agrupando las tres impedancias de 3 Ω en paralelo en una sola impedancia, y agrupando las impedancia de 2 y j Ω en serie, nos queda:

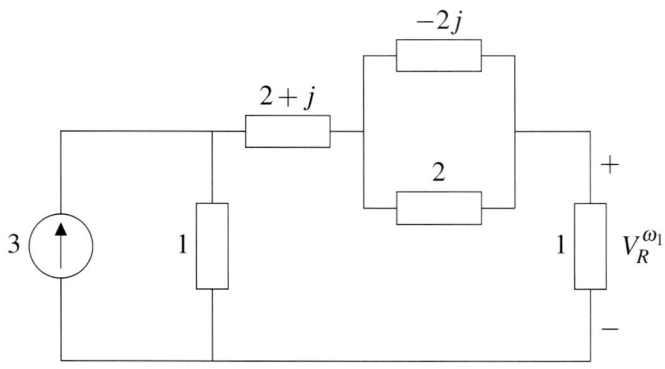

Ahora calcularemos el paralelo de las impedancias de valores 2 y $-2j$:

$$2 \parallel (-2j) = \frac{2 \cdot (-2j)}{2 - 2j} = \frac{-2j}{1 - j} = \frac{-2j(1+j)}{(1-j)(1+j)} = \frac{-2j+2}{1^2 + 1^2} = 1 - j$$

Con lo que queda:

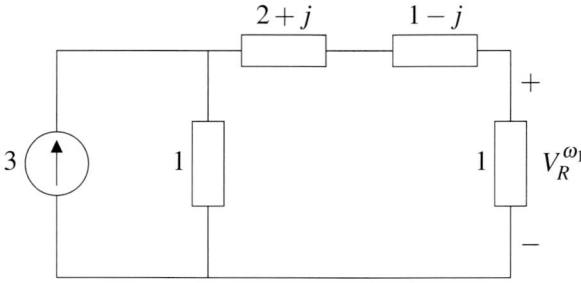

Y agrupando las dos impedancias en serie:

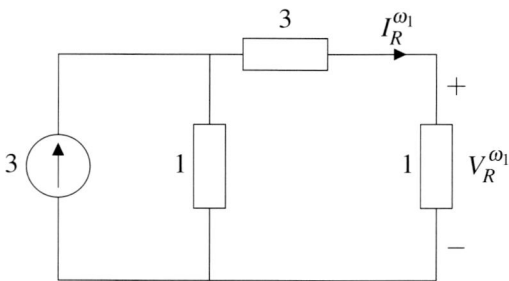

Podemos ya calcular $V_R^{\omega_1}$:

$$I_R^{\omega_1} = 3\frac{1}{1+4} = \frac{3}{5} = 0{,}6\text{A}$$
$$V_R^{\omega_1} = I_R^{\omega_1} \cdot 1 = 0{,}6\text{V}$$

Una vez obtenido el fasor $V_R^{\omega_1}$, podemos calcular la expresión instantánea (utilizando la referencia coseno):

$$v_R^{\omega_1}(t) = 0{,}6\cos(500t)\,\text{V}$$

Y nos queda calcular la tensión en bornes de R_o cuando es solo la fuente de pulsación ω_2 la que está conectada. Primero calcularemos las impedancias y el fasor (con referencia coseno) que corresponde a la fuente conectada de pulsación ω_2:

$$
\begin{aligned}
\omega_2 &= 1500 \text{ rad/s} \\
j\omega_2 L &= j \cdot 1500 \cdot 2 \cdot 10^{-3} = 3j \\
\frac{-j}{\omega_2 C} &= \frac{-j}{1500 \cdot 10^{-3}} = -\frac{2}{3}j \\
v_3(t) &= 9\cos(1500t) \rightarrow V_3 = 9
\end{aligned}
$$

El circuito queda de la siguiente manera:

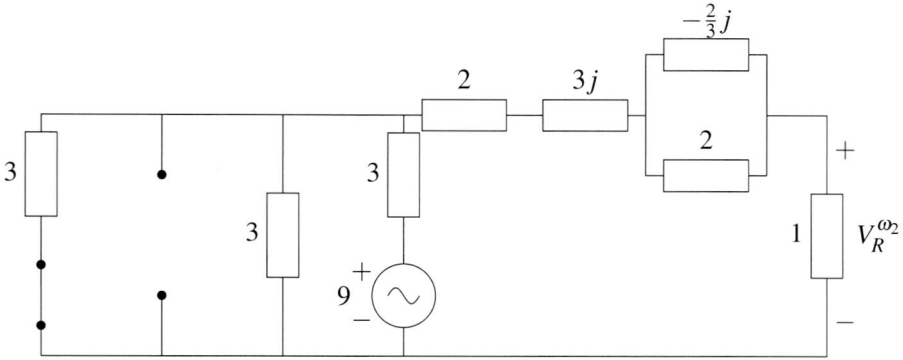

Para simplificar el circuito, de nuevo sustituiremos la fuente de tensión en serie con resistencia por una fuente de corriente en paralelo con resistencia. También agruparemos las dos impedancias en serie:

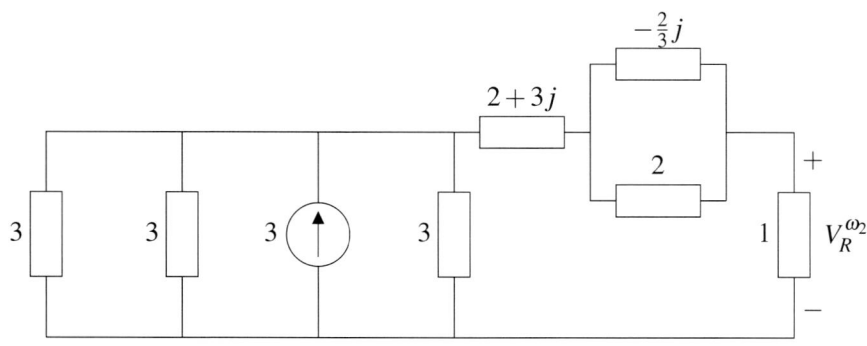

193

Agrupamos las tres resistencias en paralelo:

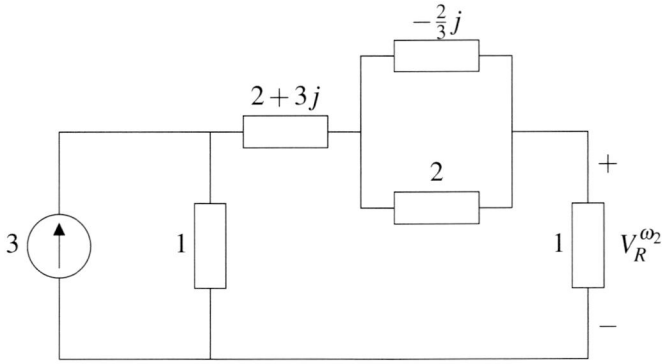

El paralelo de las impedancias de valores 2 y $-\frac{2}{3}j$ es:

$$2 \parallel \left(-\frac{2}{3}j\right) = \frac{2 \cdot \left(-\frac{2}{3}j\right)}{2 - \frac{2}{3}j} = \frac{-2j}{3 - j} = 0{,}2 - 0{,}6j$$

Con lo que queda:

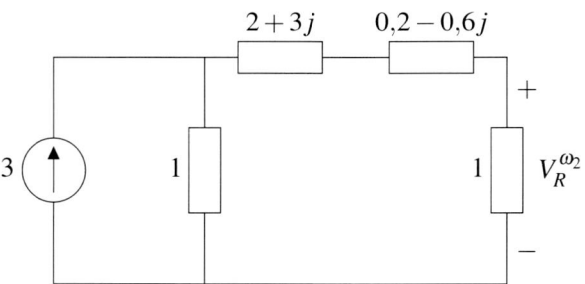

Y agrupando las impedancias en serie:

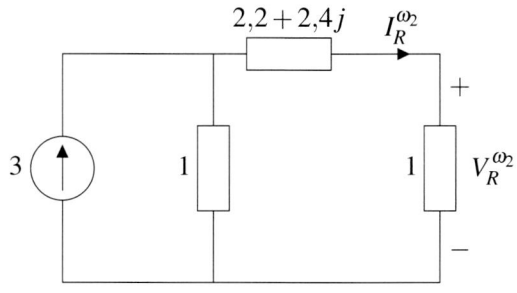

Calcularemos ya $V_R^{\omega_2}$:

$$I_R^{\omega_2} = 3\,\frac{1}{3,2+2,4j} = 0,5385 - 0,3077j = 0,62 \cdot e^{-j0,52}\ \text{A}$$

$$V_R^{\omega_2} = I_R^{\omega_2} \cdot 1 = 0,62 \cdot e^{-j0,52}\ \text{V}$$

La expresión instantánea (utilizando la referencia coseno) será:

$$v_R^{\omega_2}(t) = 0,62\cos(1500t - 0,52)\ \text{V}$$

Finalmente, la tensión total en la resistencia R_o será la superposición de cada una de las tres respuestas parciales:

$$v_R(t) = v_R^{DC} + v_R^{\omega_1}(t) + v_R^{\omega_2}(t) = 0,5 + 0,6\cos(500t) + 0,62\cos(1500t - 0,52)\ \text{V}$$

b) La potencia media absorbida por la resistencia será:

$$P_R = P_R^{DC} + P_R^{\omega_1} + P_R^{\omega_2} = R_o\left(I_R^{DC}\right)^2 + \frac{1}{2}R_o|I_R^{\omega_1}|^2 + \frac{1}{2}R_o|I_R^{\omega_2}|^2$$

$$P_R = 1\cdot(0,5)^2 + \frac{1}{2}1\cdot(0,6)^2 + \frac{1}{2}1\cdot(0,62)^2 = 0,6222\text{W}$$

Problema 10. Considere el siguiente circuito y calcule:

a) Equivalente de Thevenin.

b) La impedancia de carga Z_L que proporciona máxima transferencia de potencia. ¿A qué bobina o condensador equivale esa carga?

c) Si $Z_L = 3 - j4\ \Omega$, ¿cuál sería la potencia activa y reactiva en la carga así como en la impedancia de Thevenin?

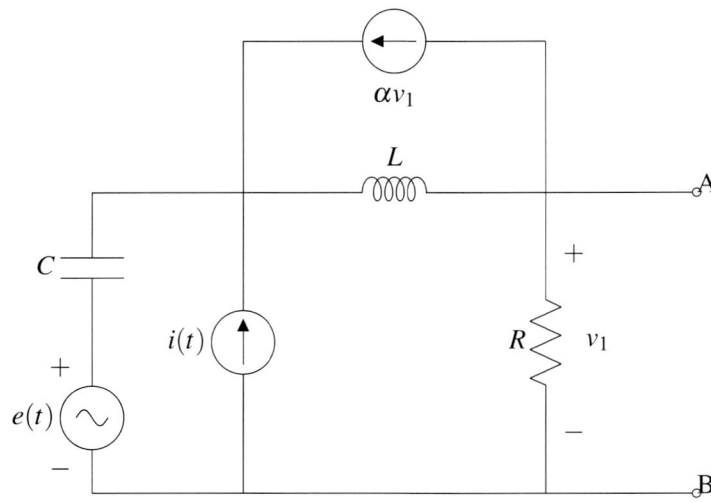

Datos:
$$e(t) = 10\cos(10^6 t)\ V,\ i(t) = 2\,\mathrm{sen}(10^6 t)\ A$$
$$R = 2\ \Omega,\ C = 1\ \mu F,\ L = 2\ \mu H,\ \alpha = 1$$

Solución

a) En primer lugar obtenemos el circuito fasorial:

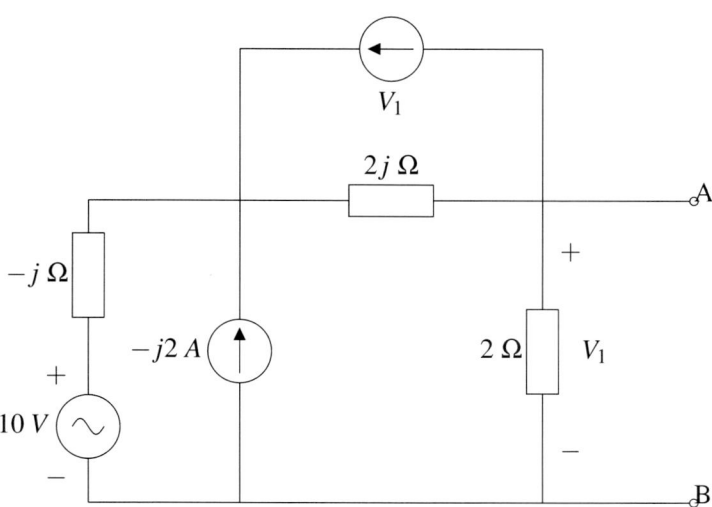

A partir del circuito anterior vamos a obtener Z_{Th} y E_{Th} visto desde los puntos A y B. En primer lugar obtenemos Z_{Th}. Para ello convertimos en cortocircuito y abierto la fuente de tensión y corriente independiente, respectivamente.

El valor de Z_{Th} lo calcularemos a partir de la corriente I que circula por la fuente de tensión que conectamos entre los puntos A y B. El valor de esta fuente de tensión es arbitrario, por simplicidad tomaremos 1 V. De esta forma, el circuito queda:

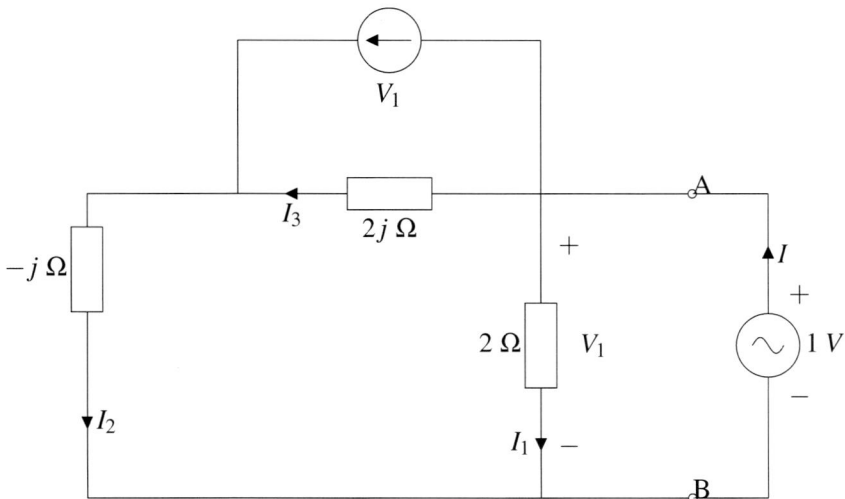

A través de la ley de Kirchoff de las corrientes, la corriente $I = I_1 + I_2$. En primer lugar observamos que $V_1 = 1$ V ya que toma el valor de la fuente de tensión que hemos introducido entre los puntos A y B. De esta forma, podemos calcular la corriente I_1 utilizando la ley de Ohm, $I_1 = V_1/2 = 0,5$ A. En segundo lugar, obtenemos la corriente I_2 a partir de la ley de Kirchoff de las corrientes y tensiones:

$$I_2 - I_3 - V_1 = 0$$

$$V_1 - Z_L \cdot I_3 + Z_C \cdot I_2 = 0$$

De las dos anteriores ecuaciones podemos despejar el valor de I_3:

$$V_1 - Z_L \cdot I_3 + Z_C \cdot (I_3 + V_1) = 0 \rightarrow I_3 = 1 - j \; A$$

Por lo tanto, $I_2 = 1 - j + 1 = 2 - j$ A y podemos calcular el valor de la impedancia de Thevenin:

$$Z_{Th} = \frac{1}{0,5 + 2 - j} = 0,345 + j0,138 \; \Omega$$

La tensión de Thevenin del circuito equivale a la tensión medida entre los puntos A y B con las fuentes activadas. Para obtener esta tensión vamos a simplificar el circuito de forma que nos quede solo una malla. En primer lugar convertimos la fuente de corriente αv_1 que está en paralelo con la bobina L por una fuente de tensión en serie con la bobina. El valor de la nueva fuente se obtiene aplicando la ley de Ohm: $V_1 \cdot Z_L = 1 \cdot 2j = 2j$ V. Por otro lado, podemos eliminar la malla de la izquierda donde está la fuente de tensión $e(t)$ de la siguiente forma: (1) convertimos la fuente $e(t)$ en serie con C a una fuente de corriente en paralelo con C aplicando la ley de Ohm como antes; (2) sumamos las dos fuentes de corriente al estar en paralelo. Así, el circuito equivalente hasta este punto quedaría:

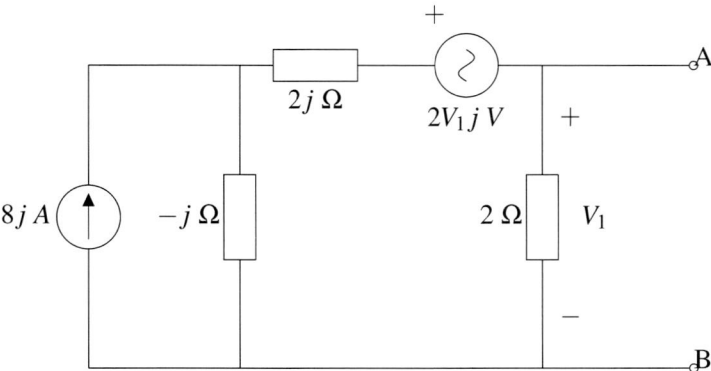

Por último, convertimos la fuente de corriente con la impedancia $-j\,\Omega$ en paralelo a una fuente de tensión, de forma que simplificar el circuito a una única fuente de tensión con una impedancia en serie de la siguiente forma:

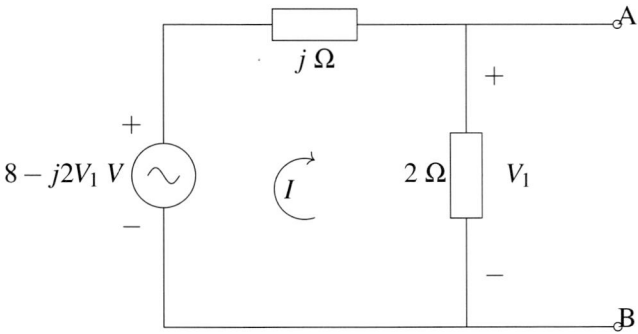

El valor de tensión V_1 se puede calcular obteniendo el valor de la corriente I aplicando la ley de Kirchoff de las tensiones a la malla que nos ha quedado y sabiendo que $V_1 = 2I$.

$$-8 + j2V_1 + jI + 2I = 0 \rightarrow -8 + j2(2I) + jI + 2I = 0 \rightarrow I = \frac{8}{2 + j5}\ A$$

Por lo tanto, $E_{Th} = 16/(2+j5) = 2{,}97e^{-j1{,}19}$ V. De esta forma, el circuito equivalente de Thevenin sería:

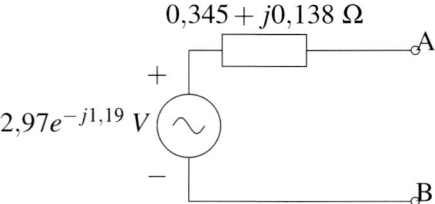

b) El valor de impedancia a conectar como carga para obtener la máxima transferencia de potencia debe ser $Z_L = Z_{Th}^* = 0,345 - j0,138\ \Omega$. El signo negativo de la reactancia de la impedancia nos indica que se trata de un condensador. El valor de este componente se puede obtener a partir de la formula de la reactancia de un condensador:

$$X_C = \frac{-1}{\omega C} \rightarrow C = \frac{-1}{\omega X_C} = \frac{-1}{10^6(-0,138)} = 7,246\ \mu F$$

c) Al conectar una carga $Z_L = 3 - j4\ \Omega$ entre los puntos A y B del circuito equivalente de Thevenin circularía una corriente I de valor:

$$I = \frac{E_{Th}}{Z_{Th} + Z_L} = \frac{2,97e^{-1,19}}{0,345 + j0,138 + 3 - j4} = 0,581e^{-j0,333}\ A$$

Con el valor de I podemos ahora calcular las potencias pedidas en los diferentes elementos del circuito. En el caso de la carga Z_L, el valor de su potencia activa P_L y reactiva Q_L es:

$$P_{Z_L} = \frac{1}{2}\Re\,(Z_L)\,|I|^2 = \frac{1}{2}\cdot 3\cdot 0,581^2 = 0,507\ W$$

$$Q_{Z_L} = \frac{1}{2}\Im\,(Z_L)\,|I|^2 = \frac{1}{2}\cdot(-4)\cdot 0,581^2 = -0,676\ VAR$$

Las potencias de la impedancia de Thevenin las calculamos de forma análoga:

$$P_{Z_{Th}} = \frac{1}{2}\Re\,(Z_L)\,|I|^2 = \frac{1}{2}\cdot 0,345\cdot 0,581^2 = 0,058\ W$$

$$Q_{Z_{Th}} = \frac{1}{2}\Im\,(Z_L)\,|I|^2 = \frac{1}{2}\cdot 0,138\cdot 0,581^2 = 0,023\ VAR$$

Problema 11. Considere el siguiente circuito en cual se ha alcanzado el régimen permanente.

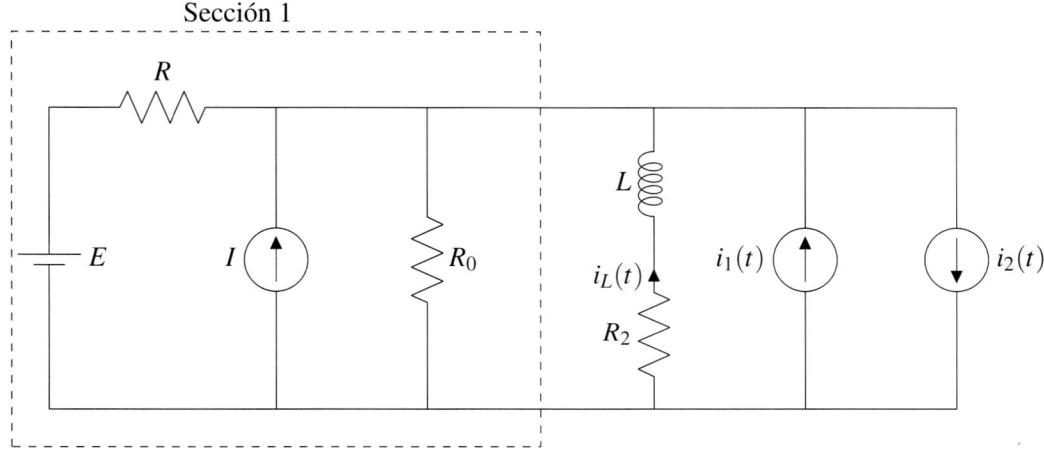

Sección 1

$$E = 8\text{V}, I = 1\text{A}, R = 2\,\Omega, R_0 = 2\,\Omega, R_2 = 4\,\Omega, L = 2m\text{H}$$

$$i_1(t) = 2\cos(1000t)\text{A}, \; i_2(t) = 4\,\text{sen}(500t)\text{A}$$

a) Calcule el equivalente de Thevenin de la Sección 1 del circuito.

b) Calcule la corriente $i_L(t)$ aplicando el principio de superposición.

c) Calcule la potencia media disipada en la resistencia R_2.

Solución

a) Para obtener el equivalente de Thevenin de la Sección 1 del circuito, calculamos en primer lugar la resistencia equivalente, para lo que desconectamos las fuentes independientes, con lo que el circuito queda,

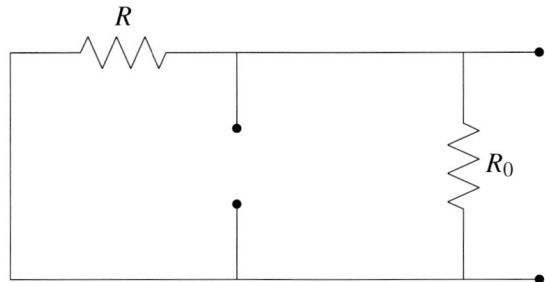

Se puede observar que la resistencia equivalente viene determinada por el paralelo entre R y R_0, y es por tanto,

$$R_{Th} = \frac{R \cdot R_0}{R + R_0} = \frac{2 \cdot 2}{2 + 2} = 1\,\Omega$$

Para calcular la tensión de Thevenin podemos utilizar equivalencia de generadores, transformando la asociación en paralelo entre el generador de corriente I y la resistencia R_0 en una asociación en serie.

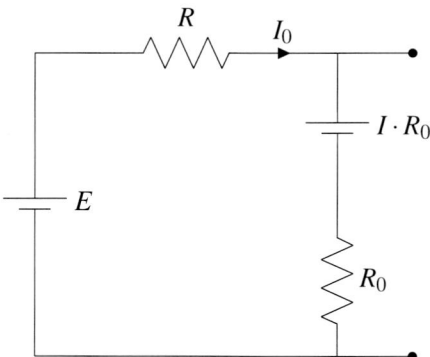

La corriente I_0 se puede calcular fácilmente aplicando la ley de Kirchhoff de las tensiones,

$$I_0 = \frac{E - I \cdot R_0}{R + R_0} = \frac{8 - 1 \cdot 2}{2 + 2} = 1{,}5\,\text{A}$$

Y la tensión de Thevenin queda entonces:

$$E_{Th} = V_{AB} = I \cdot R_0 + I_0 \cdot R_0 = 2 \cdot 1 + 1{,}5 \cdot 2 = 5\,\text{V}$$

Con lo que el equivalente de Thevenin queda finalmente,

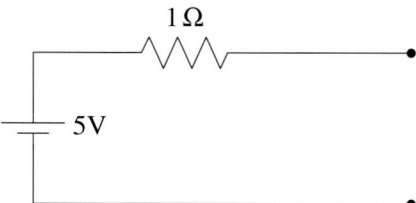

b) Podemos aprovechar el trabajo realizado previamente en el apartado a) y utilizar el equivalente de Thevenin que habíamos calculado allí para simplificar el circuito,

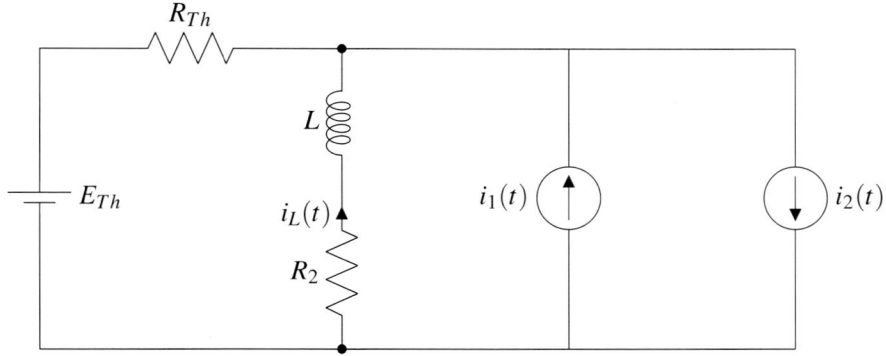

Aplicamos ahora el teorema de superposición,

- Análisis en DC

    Desconectamos las fuentes independientes que trabajan a frecuencias distintas, $i_1(t)$ e $i_2(t)$. Como son fuentes de corriente las substituimos por circuitos abiertos. Además la bobina en continua se comporta como un cortocircuito, con lo que el circuito queda,

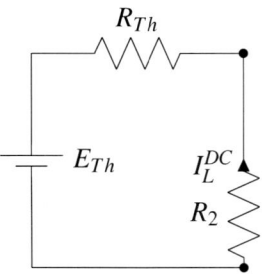

Y por tanto la corriente I_L en DC es,

$$I_L^{DC} = -\frac{E_{Th}}{R_{Th}+R_2} = -\frac{5}{1+4} = -1\,\text{A}$$

- Análisis en AC ($\omega_1 = 1000\,rad/s$)

Desconectamos las fuentes independientes que trabajan a frecuencias distintas, $i_2(t)$ y E_{th}. La fuente de corriente $i_2(t)$ se substituye por un circuito abierto, mientras que la fuente de tensión E_{th} se substituye por un cortocircuito. Además, pasamos el circuito al plano complejo. Para ello calculamos fasores (referencia coseno) e impedancias ($\omega_1 = 1000\,rad/s$):

$$I_1 = 2\,\text{A}$$
$$Z_{Req} = R_{eq} = 1\,\Omega$$
$$Z_{R_2} = R_2 = 4\,\Omega$$
$$Z_L = j\omega_1 L = j \cdot 10^3 \cdot 2 \cdot 10^{-3} = 2j\,\Omega$$

El circuito queda como sigue,

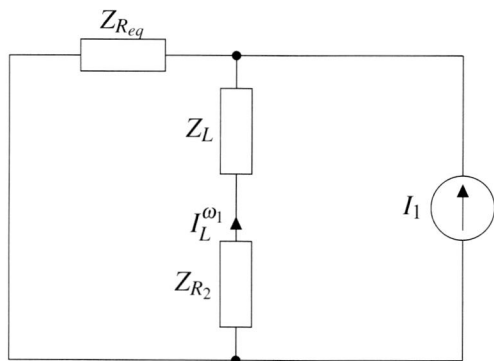

La corriente $I_L^{\omega_1}$ se puede calcular utilizando la fórmula del divisor de corriente:

$$I_L^{\omega_1} = -I_1 \frac{Z_{Req}}{Z_{Req}+Z_{R_2}+Z_L} = -2\frac{1}{1+4+2j} = -0,33+0,14j\,\text{A} = 0,37e^{j2,76}\,\text{A}$$

Y la expresión temporal es,

$$i_L^{\omega_1}(t) = 0,37\cos(1000t + 2,76)\text{A}$$

- Análisis en AC ($\omega_2 = 500rad/s$)

Desconectamos las fuentes independientes que trabajan a frecuencias distintas, $i_1(t)$ y E_{th}. La fuente de corriente $i_1(t)$ se substituye por un circuito abierto, mientras que la fuente de tensión E_{th} se substituye por un cortocircuito. Además, pasamos ahora el circuito al plano complejo. Para ello calculamos fasores (referencia seno) e impedancias ($\omega_2 = 500rad/s$):

$$I_2 = 4\text{A}$$
$$Z_R = R_{eq} = 1\,\Omega$$
$$Z_{R_2} = R_2 = 4\,\Omega$$
$$Z_L = j\omega_1 L = j \cdot 500 \cdot 2 \cdot 10^{-3} = j\,\Omega$$

El circuito queda como sigue,

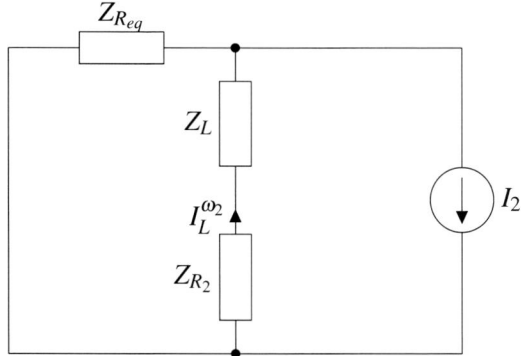

La corriente $I_L^{\omega_2}$ se puede calcular utilizando la fórmula del divisor de corriente:

$$I_L^{\omega_2} = I_2 \frac{Z_{R_{eq}}}{Z_{R_{eq}} + Z_{R_2} + Z_L} = 4\frac{1}{1+4+j} = 0,77 - 0,15\,j\text{A} = 0,78e^{-j0,197}\text{A}$$

Y la expresión temporal es,

$$i_L^{\omega_2}(t) = 0,78\,\mathrm{sen}(500t - 0,197)\,\mathrm{A}$$

Finalmente, la corriente total $i_L(t)$ es,

$$i_L(t) = I_L^{DC} + i_L^{\omega_1}(t) + i_L^{\omega_2}(t) = -1 + 0,37\cos(1000t + 2,76) + 0,78\,\mathrm{sen}(500t - 0,197)\,\mathrm{A}$$

c) A partir de los cálculos del apartado anterior, podemos calcular la potencia total disipada en la resistencia R_2 utilizando nuevamente el teorema de superposición.

- Análisis en DC

$$P_{R_2}^{DC} = (I_L^{DC})^2 R_2 = (-1)^2 \cdot 4 = 4\mathrm{W}$$

- Análisis en AC ($\omega_1 = 1000\,rad/s$)

$$P_{R_2}^{\omega_1} = \frac{|I_L^{\omega_1}|^2 R_2}{2} = \frac{(0,37)^2 4}{2} = 0,28\mathrm{W}$$

- Análisis en AC ($\omega_2 = 500\,rad/s$)

$$P_{R_2}^{\omega_2} = \frac{|I_L^{\omega_2}|^2 R_0}{2} = \frac{(0,78)^2 4}{2} = 1,23\mathrm{W}$$

Finalmente, la potencia disipada en R_2 es,

$$P_{R_2} = P_{R_2}^{DC} + P_{R_2}^{\omega_1} + P_{R_2}^{\omega_2} = 4 + 0,28 + 1,23 = 5,51\mathrm{W}$$

Problema 12. Considere el circuito de alimentación de la siguiente figura:

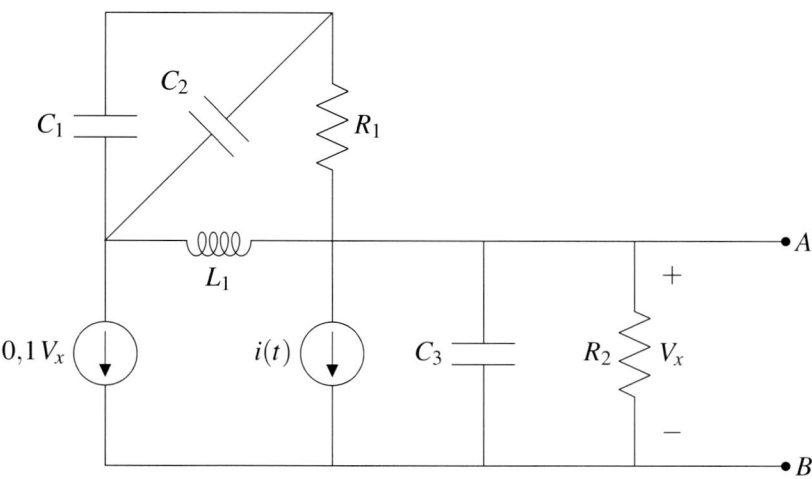

$R_1 = 6\,\Omega$, $R_2 = 50\,\Omega$, $C_1 = C_2 = 1/3\text{mF}$, $C_3 = 80\mu\text{F}$, $L_1 = 6\text{mH}$, $i(t) = 5\cos(500\,t)\,\text{A}$

a) Obtenga los fasores e impedancias y dibuje el circuito en el dominio fasorial.

b) Reduzca el circuito al número mínimo posible de mallas mediante equivalencia entre generadores y asociación de impedancias en serio y/o paralelo.

c) Calcule la impedancia equivalente del circuito entre los terminales A y B.

d) Calcule el fasor de tensión del equivalente de Thevenin entre los terminales A y B.

e) Calcule el fasor de corriente del equivalente de Norton y dibuje los circuitos equivalentes de Thevenin y Norton en el dominio fasorial.

Para los siguientes apartados, suponga que $E_{TH} = -37{,}5 + j\,12{,}5$ V, $Z_{TH} = 7{,}5 - j\,2{,}5\ \Omega$, y considere el circuito de carga siguiente:

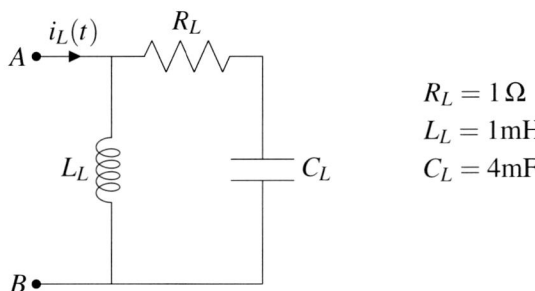

$$R_L = 1\ \Omega$$
$$L_L = 1\text{mH}$$
$$C_L = 4\text{mF}$$

f) Obtenga las impedancias de todos los componentes de carga (con la pulsación de la fuente $i(t)$ del apartado a). Reduzca el circuito de carga a una sola impedancia mediante asociación de impedancias en serie y/o en paralelo, y conecte esa impedancia de carga resultante al equivalente de Thevenin del circuito de alimentación.

g) Calcule la potencia disipada y la potencia reactiva en el circuito de carga, así como la corriente $i_L(t)$.

h) Indique el valor que debería tener la impedancia de carga para conseguir máxima transferencia de potencia así como la potencia activa que se transferiría a la carga en esas circunstancias.

Solución

a) En el circuito de alimentación hay un único generador independiente ($i(t) = 5\cos(500\,t)$ A), cuya pulsación es $\omega = 500$ rad/s. Por tanto, las impedancias de cada uno de los componentes del circuito serán:

$$
\begin{aligned}
Z_{R_1} &= R_1 = 6\,\Omega \\
Z_{R_2} &= R_2 = 50\,\Omega \\
Z_{L_1} &= j\omega L_1 = j500 \cdot 6 \cdot 10^{-3} = j3\,\Omega \\
Z_{C_1} &= \frac{-j}{\omega C_1} = \frac{-j}{500 \cdot \frac{1}{3} \cdot 10^{-3}} = -j6\,\Omega \\
Z_{C_2} &= \frac{-j}{\omega C_2} = \frac{-j}{500 \cdot \frac{1}{3} \cdot 10^{-3}} = -j6\,\Omega \\
Z_{C_3} &= \frac{-j}{\omega C_3} = \frac{-j}{500 \cdot 80 \cdot 10^{-6}} = -j25\,\Omega
\end{aligned}
$$

Tomando referencia coseno, el fasor de $i(t)$ es $I = 5$A.

Finalmente, el circuito en el dominio fasorial es el siguiente

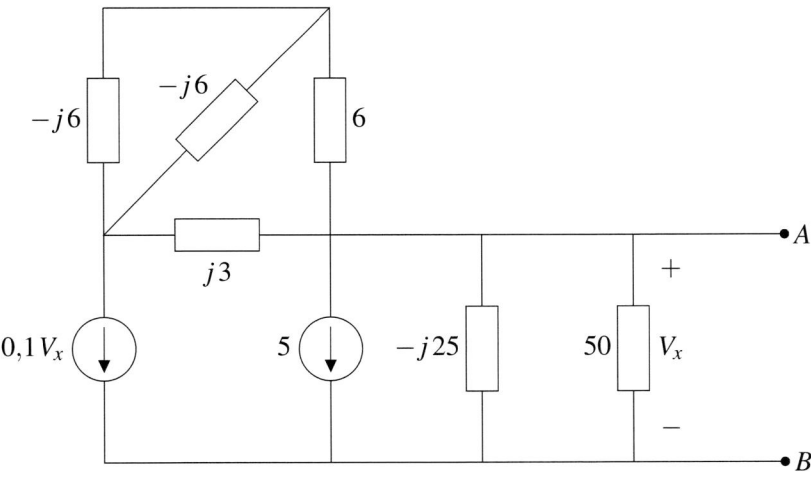

b) El primer paso para reducir el circuito puede ser sustituir las dos impedancias de valor $-j6$ que están en paralelo por una sola de valor:

$$
\frac{(-j6) \cdot (-j6)}{-j6 - j6} = -j3
$$

También podemos asociar las impedancias de valor 50 y $-j25$ y sustituirlas por una impedancia de valor:

$$\frac{50 \cdot (-j25)}{50 - j25} = 10 - j20$$

De esta forma el circuito quedaría así:

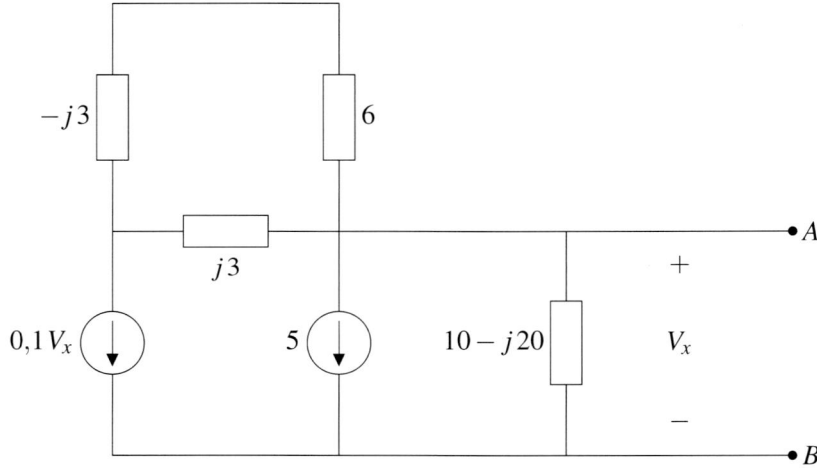

Ahora podemos asociar las impedancias $6 - j3$ y $j3$ que están en paralelo, y sustituirlas por una de valor:

$$\frac{(6 - j3) \cdot (j3)}{6 - j3 + j3} = 1{,}5 + j3$$

También podemos sustituir la fuente de corriente de valor 5 en paralelo con una impedancia de valor $10 - j20$ por una fuente de tensión de valor $50 - j100$ en serie con una impedancia de valor $10 - j20$.

De esta forma, el circuito quedaría se simplificaría finalmente a una sola malla, de la forma:

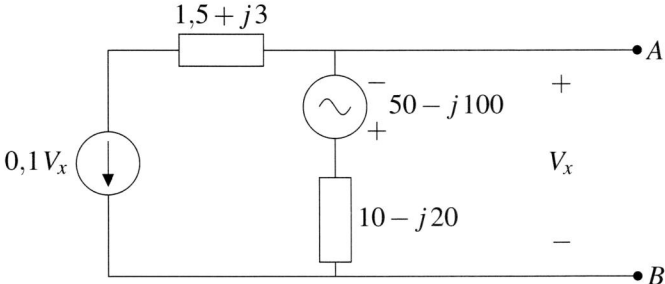

Y ya no se puede reducir más.

c) Para calcular la impedancia equivalente debemos desconectar los generadores independientes y conectar un generador externo de valor conocido entre A y B. El circuito resultante es el siguiente:

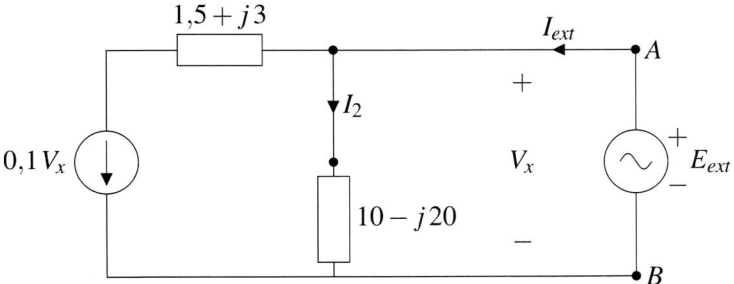

La impedancia equivalente se calcula a partir de:

$$Z_{Th} = \frac{E_{ext}}{I_{ext}}$$

Para simplificar los cálculos, supondremos que $E_{ext} = 1$ V. De esta forma,

$$Z_{Th} = \frac{1}{I_{ext}}$$

Tenemos que calcular ahora I_{ext}. Mirando el circuito, podemos establecer las siguientes relaciones:

$$V_x = E_{ext} = 1$$

$$E_{ext} = 1 = (10 - j\,20)\,I_2 \rightarrow I_2 = \frac{1}{10 - j\,20}$$

$$I_{ext} = 0{,}1\,V_x + I_2 = 0{,}1 + \frac{1}{10 - j\,20} = 0{,}12 + j\,0{,}04$$

Por tanto,

$$Z_{Th} = \frac{E_{ext}}{I_{ext}} = \frac{1}{0{,}12 + j\,0{,}04} = 7{,}5 - j\,2{,}5\,\Omega$$

d) Para calcular el fasor de tensión del equivalente de Thevenin debemos volver a conectar los generadores independientes y calcular la tensión entre los terminales A y B en circuito abierto:

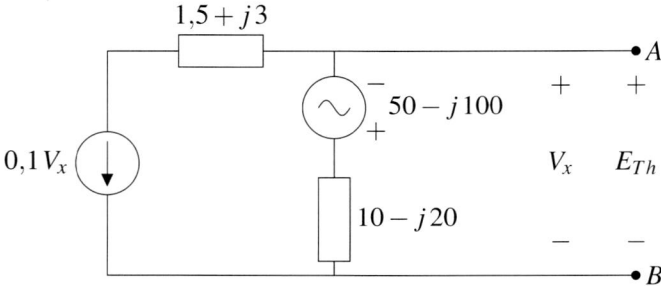

A la vista del circuito, se puede deducir fácilmente que:

$$V_x = E_{Th}$$
$$E_{Th} = -(50 - j\,100) + (10 - j\,20)\cdot(-0{,}1\,V_x) = -50 + j\,100 - (1 - j\,2)\cdot E_{Th}$$

Despejando E_{Th}:

$$E_{Th} = \frac{-50 + j\,100}{2 - j\,2} = -37{,}5 + j\,12{,}5$$

e) El fasor de corriente del equivalente de Norton podemos calcularlo fácilmente a partir de:

$$I_N = \frac{E_{Th}}{Z_{Th}} = \frac{-37{,}5 + j\,12{,}5}{7{,}5 - j\,2{,}5} = -5\,\text{A}$$

El circuito equivalente de Thevenin en el dominio fasorial es:

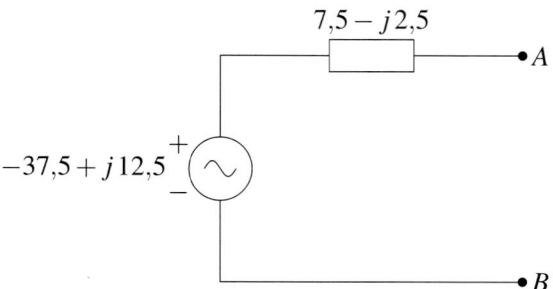

El circuito equivalente de Norton en el dominio fasorial es:

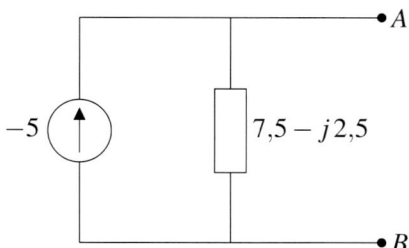

f) En primer lugar transformamos el circuito al dominio fasorial:

$$Z_{R_L} = R_L = 1\,\Omega$$
$$Z_{L_L} = j\omega L_L = j500 \cdot 1 \cdot 10^{-3} = j0{,}5\,\Omega$$
$$Z_{C_L} = \frac{-j}{\omega C_L} = \frac{-j}{500 \cdot 4 \cdot 10^{-3}} = -j0{,}5\,\Omega$$

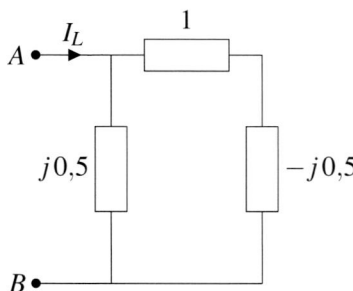

Podemos reducir este circuito a una sola impedancia mediante asociaciones serie y/o paralelo de impedancias. Así, la impedancia resultante será:

$$Z_L = Z_{L_L} \parallel (Z_{R_L} + Z_{C_L}) = (j0,5) \parallel (1 - j,0,5) = 0,25 + j0,5 \; \Omega$$

Conectando la carga al equivalente de Thevenin del circuito de alimentación, queda:

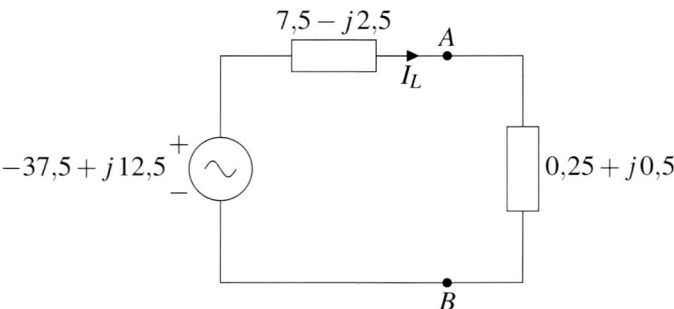

g) En primer lugar calcularemos el fasor de la corriente que circula por la carga (I_L):

$$I_L = \frac{E_{TH}}{Z_{TH} + Z_L} = \frac{-37,5 + j\,12,5}{7,75 - j2} = -4,9 + j0,34 = 4,93\,e^{j3,07} \; \Omega$$

Podemos calcular ya la expresión temporal de la corriente en la carga ($i_L(t)$), recordando que para pasar al dominio fasorial utilizamos referencia coseno. Por tanto:

$$i_L(t) = 4,93 \cos(500\,t + 3,07) \; A$$

En cuanto a la potencia media y la potencia reactiva, éstas serán:

$$
\begin{aligned}
P &= \frac{1}{2}\Re\{Z_L\}\,|I_L|^2 = \frac{1}{2}0,25 \cdot 4,93^2 = 3,05\,\text{W} \\
Q &= \frac{1}{2}\Im\{Z_L\}\,|I_L|^2 = \frac{1}{2}0,5 \cdot 4,93^2 = 6,1\,\text{VAR}
\end{aligned}
$$

h) Para una máxima transferencia de potencia debería cumplirse que $Z_L = Z_{TH}^* = 7,5 + j2,5$

Si se cumpliera esa condición, entonces la corriente sería:

$$I_L = \frac{E_{Th}}{Z_{Th} + Z_L} = \frac{E_{Th}}{2R_{Th}}$$

Y por tanto la potencia entregada, la máxima posible, sería:

$$P_{max} = \frac{1}{2}\Re\{Z_L\}\,|I_L|^2 = \frac{1}{2}R_{Th}\frac{|E_{Th}|^2}{4R_{Th}^2} = \frac{|-37,5 + j\,12,5|^2}{8 \cdot 7,5} = 26,04\,\text{W}$$

Problema 13. Considere el siguiente circuito:

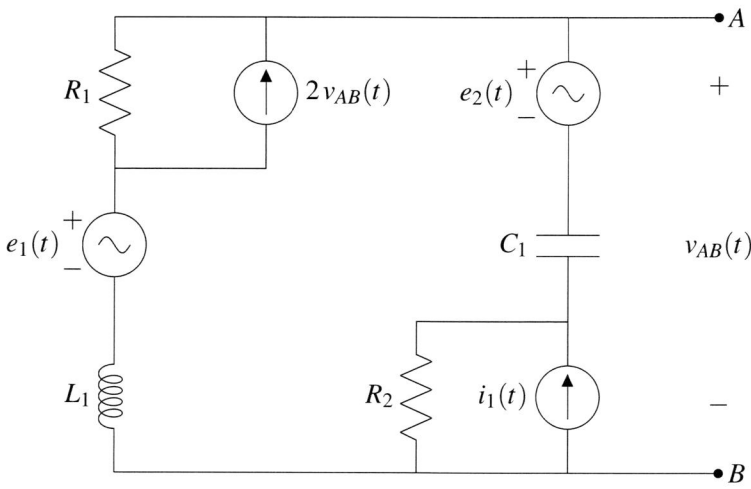

Datos:

$$R_1 = 0{,}5\,\Omega,\ R_2 = 3\,\Omega,\ L_1 = 2m\text{H},\ C_1 = 1m\text{F}$$

$$e_1(t) = 17\cos(1000t)\,\text{V},\ e_2(t) = 10\cos(1000t)\,\text{V},\ i_1(t) = \frac{10}{3}\cos(1000t)\,\text{A}$$

a) Calcule la impedancia equivalente entre los puntos A y B.

b) Calcule el fasor de la tensión del equivalente de Thevenin entre los puntos A y B.

c) Calcule el fasor de la corriente de Norton entre los puntos A y B a partir de los parámetros calculados en los apartados a) y b), y dibuje los equivalentes de Thevenin y Norton en forma fasorial entre los puntos A y B.

d) Si se conecta una impedancia de carga Z_L entre los puntos A y B, ¿cuál debería ser el valor de esa impedancia Z_L para conseguir máxima transferencia de potencia media o activa a dicha carga? Y, ¿cuál sería la máxima potencia media que se le podría transmitir a la impedancia carga?.

e) Si se coloca una impedancia de carga de valor $Z_L = 3 - j\ \Omega$, ¿cuál sería la potencia aparente, la potencia media y la potencia reactiva en dicha carga? ¿Se trata de una carga inductiva o capacitiva?

f) Calcule la tensión $v_L(t)$ y la corriente $i_L(t)$ en la carga del apartado anterior. Indique si la corriente está adelantada o retrasada con respecto a la tensión.

g) Si sustituimos $e_2(t) = 10\cos(1000t)$ por $e_3(t) = 10\cos(2000t)$, calcule el valor de la tensión $v_{AB}(t)$ entre los nodos A y B cuando no hay nada conectado entre ellos.

Solución

a) En primer lugar vamos a pasar el circuito a notación fasorial. Para ello calculamos las impedancias que corresponden a cada uno de los elementos del circuito:

$$
\begin{aligned}
R_1 &\rightarrow Z_{R_1} = R_1 = 0{,}5\ \Omega \\
R_2 &\rightarrow Z_{R_2} = R_2 = 3\ \Omega \\
L_1 &\rightarrow Z_{L_1} = j\omega L_1 = j\,1000 \cdot 2 \cdot 10^{-3} = 2\,j\ \Omega \\
C_1 &\rightarrow Z_{C_1} = -j/(\omega C_1) = -j/(1000 \cdot 1 \cdot 10^{-3}) = -j\ \Omega
\end{aligned}
$$

En cuanto a las fuentes independientes, si pasamos su valor a fasores utilizando referencia coseno, éstos serán:

$$
\begin{aligned}
e_1(t) &\rightarrow E_1 = 17\ \text{V} \\
e_2(t) &\rightarrow E_2 = 10\ \text{V} \\
i_1(t) &\rightarrow I_1 = 10/3\ \text{A}
\end{aligned}
$$

El circuito con notación fasorial queda de la siguiente forma:

217

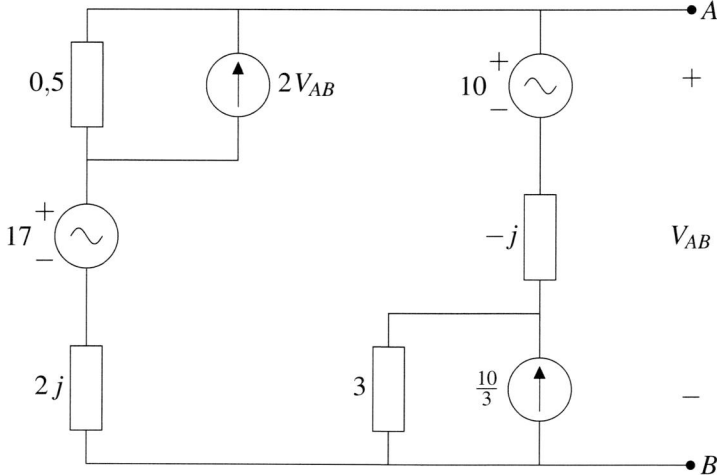

Para calcular la resistencia equivalente entre los puntos A y B desconectamos primero los generadores independientes, sustituyendo el generador de corriente por un circuito abierto y los generadores de tensión por cortocircuitos. Además, añadimos una fuente de tensión de valor genérico E_{ext}.

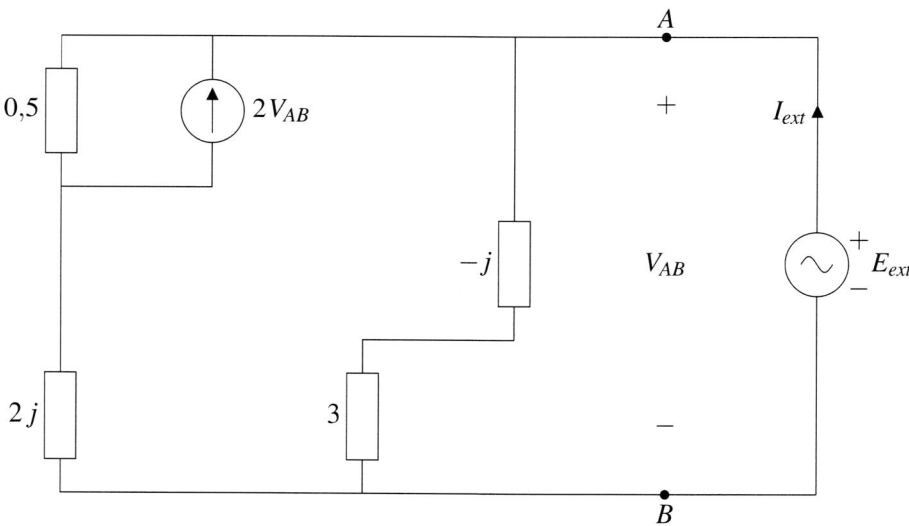

Podemos observar que $V_{AB} = E_{ext}$. Teniendo eso en cuenta, y aplicando equivalencia entre generadores:

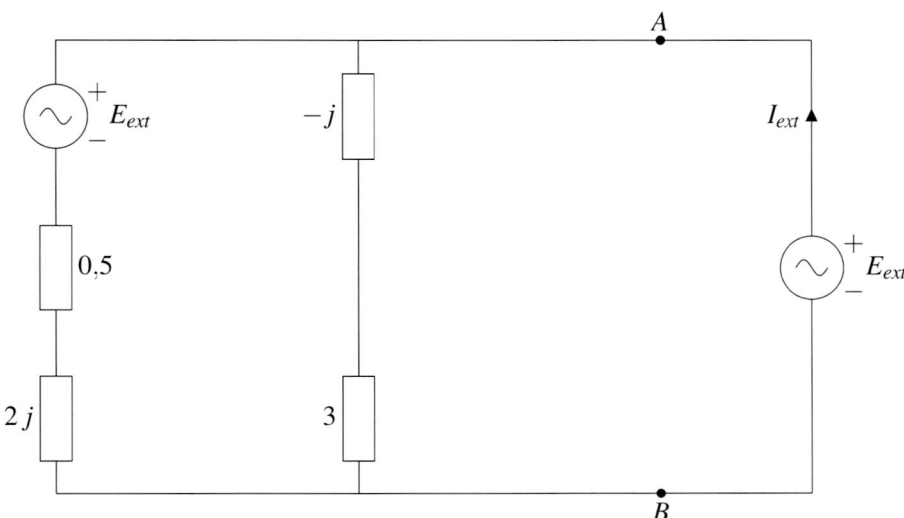

Agrupando impedancias en serie:

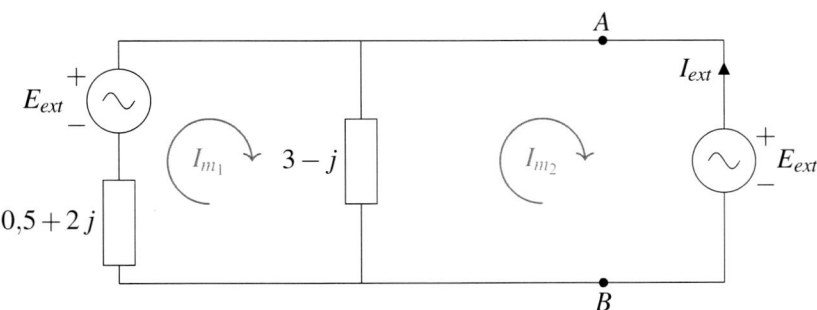

Resolviendo con el método de las mallas, obtenemos las dos siguientes ecuaciones, resultantes de aplicar que la suma de las tensiones es nula en cada una de las dos mallas:

$$(1) \quad \rightarrow \quad (3-j)(I_{m1}-I_{m_2})+(0,5+2\,j)\,I_{m_1}-E_{ext}=0$$
$$(2) \quad \rightarrow \quad (3-j)(I_{m_2}-I_{m_1})+E_{ext}=0$$

Reordenando:

$$(1) \quad \rightarrow \quad (3{,}5 + j)I_{m1} - (3 - j)I_{m_2} = E_{ext}$$
$$(2) \quad \rightarrow \quad -(3 - j)I_{m_1} + (3 - j)I_{m_2} = -E_{ext}$$

Si resolvemos el sistema de ecuaciones, obtenemos que:

$$I_{m_1} = 0 \,,\, I_{m_2} = -E_{ext}/(3 - j)$$

Finalmente:

$$Z_{Th} = \frac{E_{ext}}{I_{ext}} = \frac{E_{ext}}{-I_{m_2}} = \frac{E_{ext}}{E_{ext}/(3 - j)} = 3 - j\ \Omega$$

b) Para calcular la tensión del equivalente de Thevenin tenemos que calcular la tensión en circuito abierto.

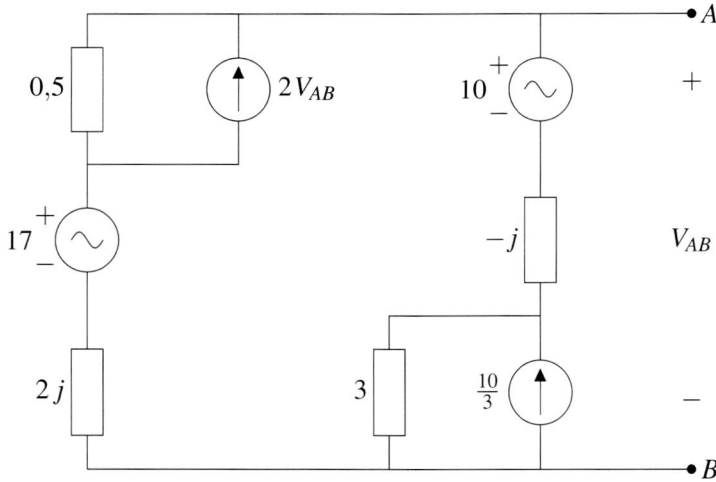

donde $V_{AB} = E_{Th}$.

Utilizando equivalencias entre generadores:

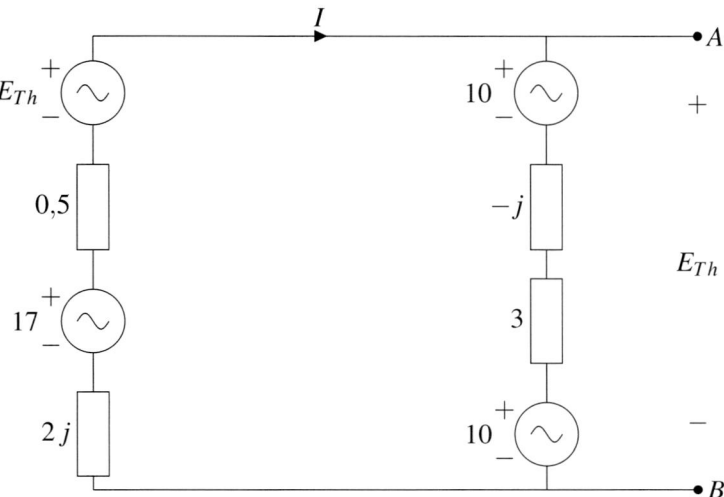

Y aplicando que la suma de tensiones a lo largo de la malla es nula:

$$(3 - j + 0,5 + 2j)I + 10 + 10 - 17 - E_{TH} = 0 \rightarrow I = \frac{E_{Th} - 3}{3,5 + j}$$

Finalmente:

$$E_{Th} = 10 - jI + 10 + 3I = 20 + (3 - j)I = 20 + (3 - j)\frac{E_{TH} - 3}{3,5 + j} = 18 - 26j \text{ V}$$

c) La corriente de Norton es:

$$I_N = \frac{E_{Th}}{Z_{Th}} = \frac{18 - 26j}{3 - j} = 8 - 6j$$

Y los equivalentes de Thevenin y Norton son:

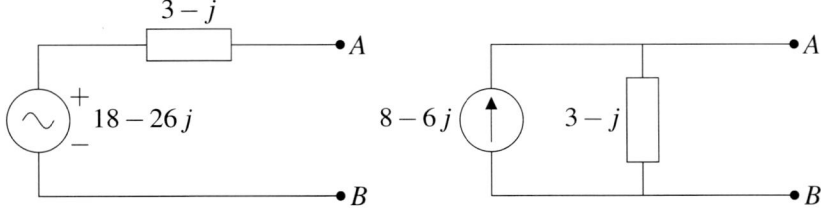

d) Para máxima transferencia de potencia Z_L debería ser igual a $Z_{Th}^* = 3 + j$. Si esa fuera la impedancia de carga, se transferiría la máxima potencia posible, que sería:

$$P_L^{max} = \frac{|E_{Th}|^2}{8R_L} = \frac{|18 - 26j|^2}{8 \cdot 3} = 41,7\,\text{W}$$

e) Si se coloca una carga de valor $3 - j$, el circuito quedaría así (utlizando el equivalente de Norton):

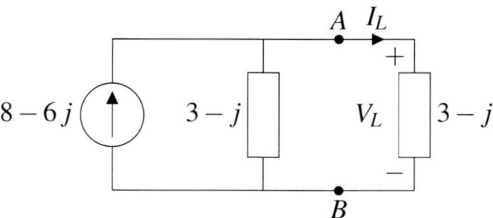

Haciendo uso de las fórmulas del divisor de corriente:

$$I_L = (8 - 6j)\frac{3 - j}{2 \cdot (3 - j)} = 4 - 3j = 5 \cdot e^{-j36,9°}$$

$$V_L = Z_L \cdot I_L = (3 - j) \cdot (4 - 3j) = 9 - 13j = 15,8 \cdot e^{-j55,3°}$$

$$P = \frac{1}{2}\Re\{Z_L\}|I_L|^2 = 0,5 \cdot 3 \cdot 5^2 = 37,5\,\text{W}$$

$$Q = \frac{1}{2}\Im\{Z_L\}|I_L|^2 = 0,5 \cdot (-1) \cdot 5^2 = -12,5\,\text{VAR}$$

$$S = \sqrt{P^2 + Q^2} = 39,53\,\text{VA}$$

Puesto que $Q < 0$, se trata de una carga capacitiva.

f) La tensión y la corriente son, respectivamente:

$$v_L(t) = 15,8\cos(1000t - 55,3°)\,\text{V}$$

$$i_L(t) = 5\cos(1000t - 36,9°)\,\text{V}$$

$$\theta = \varphi_v - \varphi_i = -55,3° + 36,9° = -18,4°$$

Como $\theta < 0$, la carga es capacitiva y la corriente está adelantada con respecto a la tensión.

g) El circuito ahora queda así:

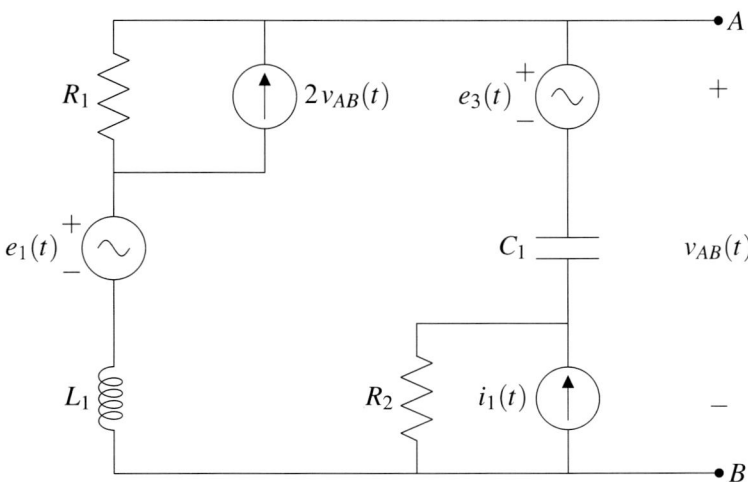

Donde $e_1(t)$ e $i_1(t)$ son de pulsación $w_1 = 1000$ rad/s, y $e_3(t)$ es de pulsación $w_2 = 2000$ rad/s.

Como ahora hay generadores de dos pulsaciones diferentes ($w_1 = 1000$ rad/s y $w_2 = 2000$ rad/s), tenemos que aplicar el teorema de superposición, y calcular la tensión $v_{AB}^{w_1}(t)$ cuando operan sólo los generadores de pulsación w_1, y la tensión $v_{AB}^{w_2}(t)$ cuando operan solo los generadores de pulsación w_2.

Empezaremos con el caso en el que sólo operan los generadores de pulsación w_1. Para este caso tenemos que desconectar todos los generadores independientes que no sean de pulsación w_1 (es decir, $e_3(t)$):

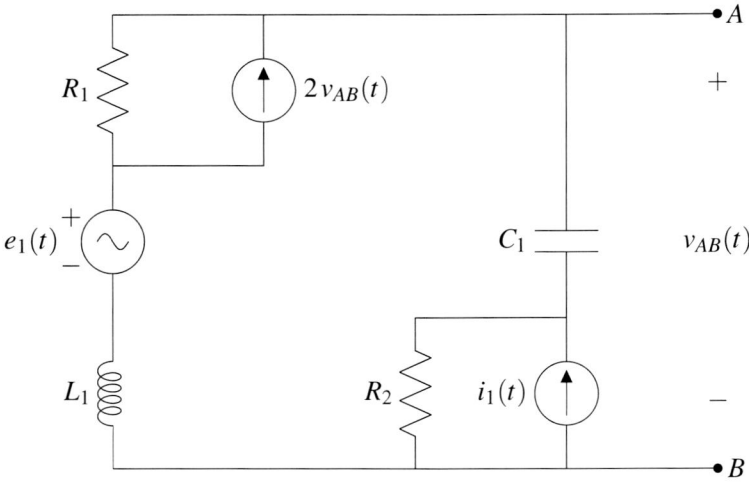

Ahora pasamos a notación fasorial (con referencia coseno):

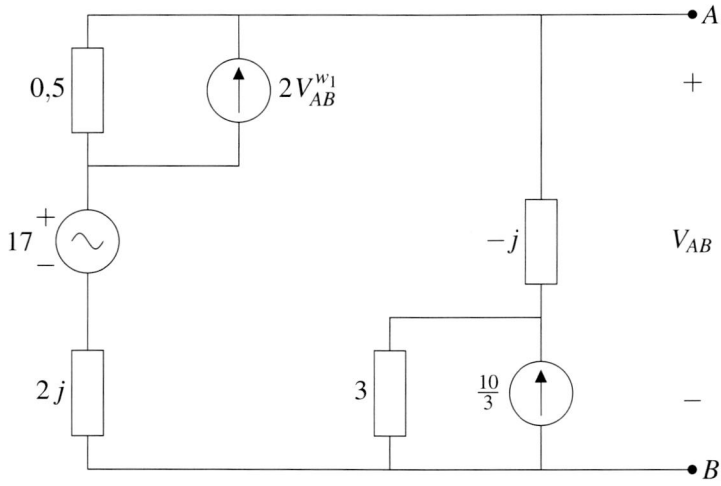

Utilizando equivalencias entre generadores:

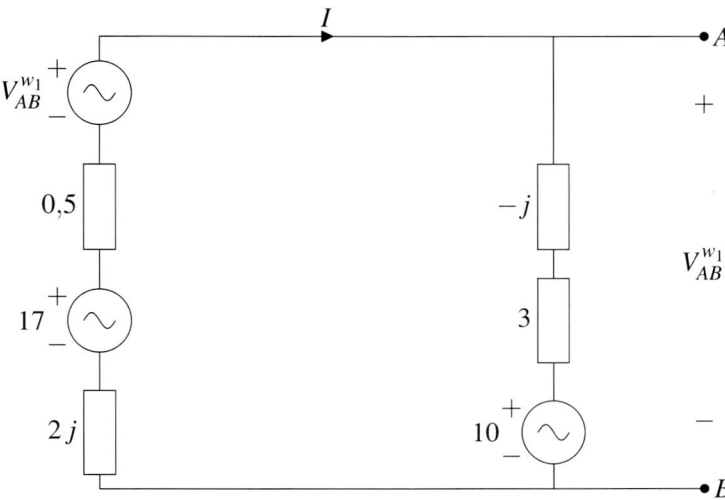

Si aplicamos que la suma de tensiones en la malla es nula:

$$V_{AB}^{w_1} + (0,5 + 2\,j) \cdot I - 17 - V_{AB}^{w_1} = 0 \rightarrow I = \frac{17}{0,5 + 2\,j} = 2 - 8\,j$$

$$V_{AB}^{w_1} = (3 - j) \cdot I + 10 = (3 - j) \cdot (2 - 8\,j) + 10 = 8 - 26\,j = 27{,}2 \cdot e^{-j81^\circ}\ \text{V}$$

$$v_{AB}^{w_1}(t) = 27{,}2 \cos(1000t - 81^\circ)$$

Continuamos ahora con el caso en el que sólo operan los generadores de pulsación w_2. Para este caso tenemos que desconectar todos los generadores independientes que no sean de pulsación w_2 (es decir, $e_1(t)$ e $i_1(t)$):

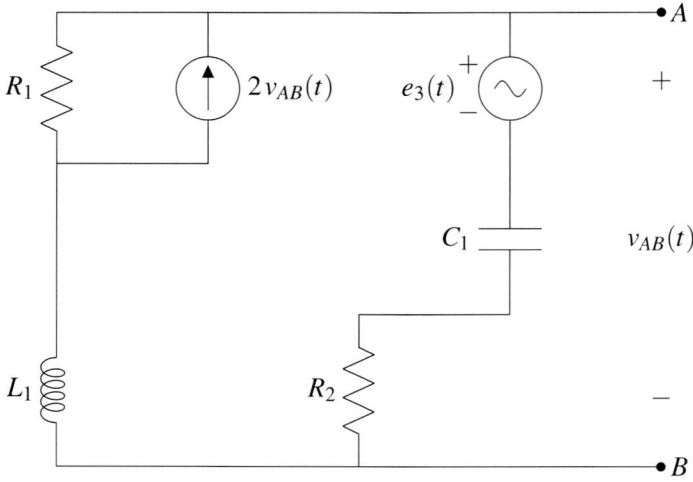

Pasamos a notación fasorial:

$$R_1 \quad \rightarrow \quad Z_{R_1} = R_1 = 0{,}5\ \Omega$$
$$R_2 \quad \rightarrow \quad Z_{R_2} = R_2 = 3\ \Omega$$
$$L_1 \quad \rightarrow \quad Z_{L_1} = j\omega L_1 = j\,2000 \cdot 2 \cdot 10^{-3} = 4\,j\ \Omega$$
$$C_1 \quad \rightarrow \quad Z_{C_1} = -j/(\omega C_1) = -j/(2000 \cdot 1 \cdot 10^{-3}) = -0{,}5\,j\ \Omega$$

En cuanto a las fuente independiente, si pasamos su valor a fasor utilizando referencia coseno, éste será:

$$e_3(t) \quad \rightarrow \quad E_3 = 10\ \text{V}$$

Aplicando equivalencia entre generadores:

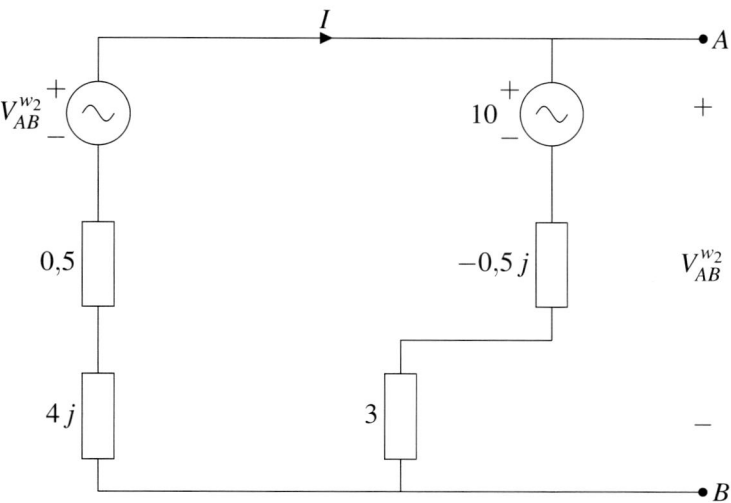

Como la suma de tensiones en la malla debe ser nula:

$$V_{AB}^{w_2} + (0,5 + 4j) \cdot I - V_{AB}^{w_2} = 0 \rightarrow I = 0$$
$$V_{AB}^{w_2} = 10 + (3 - 0,5j) \cdot I = 10$$
$$v_{AB}^{w_2}(t) = 10 \cos(2000t)$$

Finalmente:

$$v_{AB}(t) = v_{AB}^{w_1}(t) + v_{AB}^{w_2}(t) = 27,2 \cos(1000t - 81°) + 10 \cos(2000t)$$

Problema 14. Considere el siguiente circuito y calcule la potencia activa y reactiva en los elementos R_2, L_2 y C_2. La relación entre el primario y secundario del transformador es 1:3.

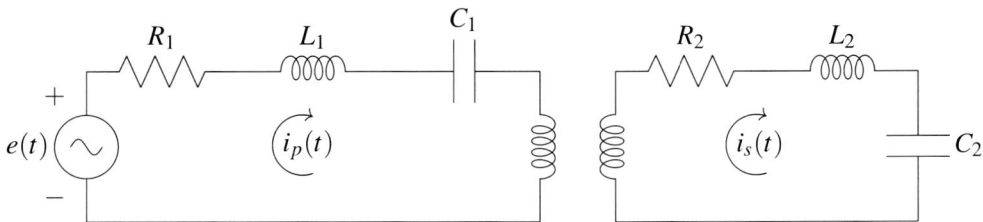

Datos:

$$e(t) = 2\cos(10^3 t)\ V$$

$$R_1 = 4\ \Omega,\ R_2 = 3\ \Omega, C_1 = 1\ \text{mF}, C_2 = 5\ \text{mF}, L_1 = 2\ mH,\ L_2 = 1\ \text{mH}$$

Solución

En primer lugar calculamos el circuito fasorial equivalente:

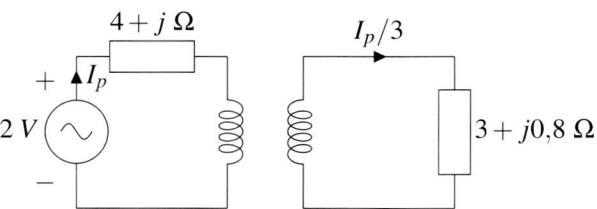

A partir de la relación de transformación, $a = 1/3$, podemos calcular la impedancia vista desde el lado primario considerando la relación $a = \sqrt{Z_p/Z_L}$, por lo tanto $Z_p = a^2 Z_L$. De esta forma, el circuito quedaría:

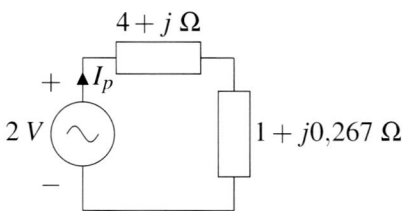

228

De ahí podemos obtener el fasor de corriente I_p como:

$$I_p = \frac{2}{(4+j)+(1+j0{,}267)} = 0{,}376 + j0{,}095 = 0{,}388 e^{-j0{,}248} \ A$$

Finalmente, calculamos los valores de potencia activa P y reactiva Q en los elementos de la parte del secundario del transformador:

$$P_{R_2} = \frac{1}{2} R_2 |I_s|^2 = \frac{1}{2} 3 \frac{0{,}388^2}{3^2} = 0{,}0251 \ W$$

$$Q_{L_2} = \frac{1}{2} X_{L_2} |I_s|^2 = \frac{1}{2} 1 \frac{0{,}388^2}{3^2} = 0{,}0084 \ VAR$$

$$Q_{C_2} = \frac{1}{2} X_{C_2} |I_s|^2 = \frac{1}{2}(-0{,}2) \frac{0{,}388^2}{3^2} = -0{,}0017 \ VAR,$$

Problema 15. Considere el circuito de la siguiente figura.

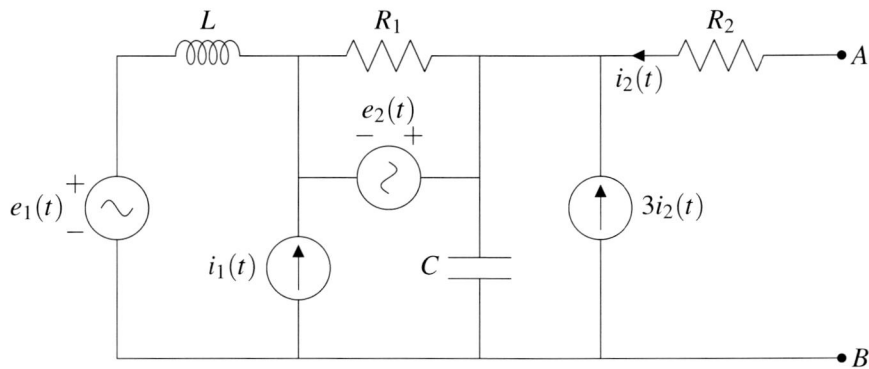

$$i_1(t) = \cos(10^3 t - \pi/2)\text{A}, \; e_1(t) = 5\cos(10^3 t)\text{V}, \; e_2(t) = \sqrt{2}\cos(10^3 t + 3\pi/4)\text{V} \,,$$

$$R_1 = 1\,\Omega, \, R_2 = 3\,\Omega, \, L = 2m\text{H}, \, C = 1m\text{F}$$

a) Obtenga los fasores e impedancias y dibuje el circuito en el dominio fasorial.

b) Calcule la impedancia equivalente del circuito entre los terminales A y B.

c) Calcule el fasor de tensión del equivalente de Thevenin.

d) Calcule el fasor de corriente del equivalente de Norton y dibuje los circuitos equivalentes de Thevenin y Norton en el dominio fasorial.

Considere ahora el siguiente circuito con el generador de corriente operando a una frecuencia de 1 MHz y un transformador con una relación de transformación de 2.

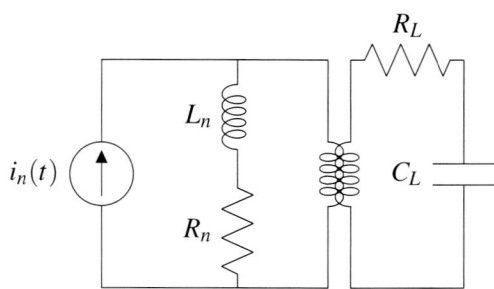

$$R_n = 8\,\Omega, \, L_n = 0{,}16m\text{H}, \, i_n(t) = 2\cos(\omega t - \pi/2)\text{A}$$

e) Calcule el valor de la resistencia R_L y el valor del condensador C_L para conseguir máxima transferencia de potencia del circuito de alimentación situado a la izquierda del transformador.

f) Calcule la potencia disipada y la potencia reactiva en el circuito de carga formado por la resistencia R_L y el condensador C_L.

Solución

a) El circuito en el dominio fasorial es el siguiente

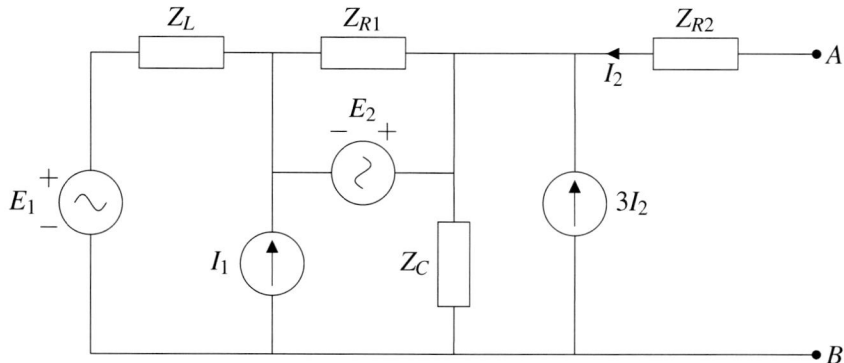

Todos los generadores tienen la misma forma trigonométrica por tanto:

$$E_1 = 5, E_2 = -1 + j, I_1 = -j$$

Por otro lado, teniendo en cuenta la frecuencia a la que operan los generadores, las impedancias serán:

$$Z_{R1} = 1, Z_{R2} = 3, Z_L = j2, Z_C = -j$$

b) Para calcular la impedancia equivalente debemos desconectar los generadores independientes y conectar un generador externo de valor conocido entre A y B. El circuito resultante es el siguiente:

Teoría de circuitos eléctricos: problemas resueltos

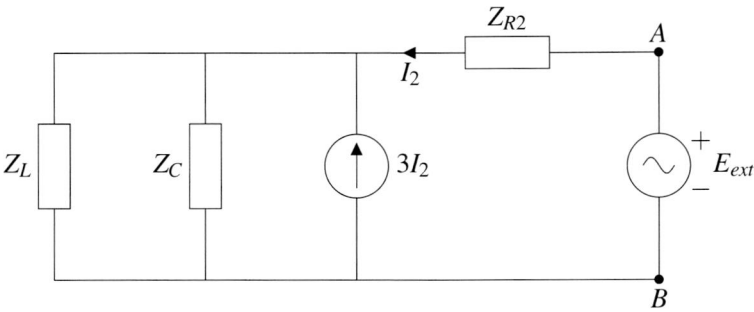

La impedancia de Thevenin se calcula a partir de:

$$Z_{Th} = \frac{E_{ext}}{I_2} = Z_{R2} + 4\frac{Z_L \cdot Z_C}{Z_L + Z_C} = 3 - j8$$

c) Para calcular el fasor de tensión del equivalente de Thevenin debemos volver a conectar los generadores independientes y calcular la tensión entre los terminales A y B en circuito abierto. La corriente I_2 se anula por lo que el circuito s simplifica a:

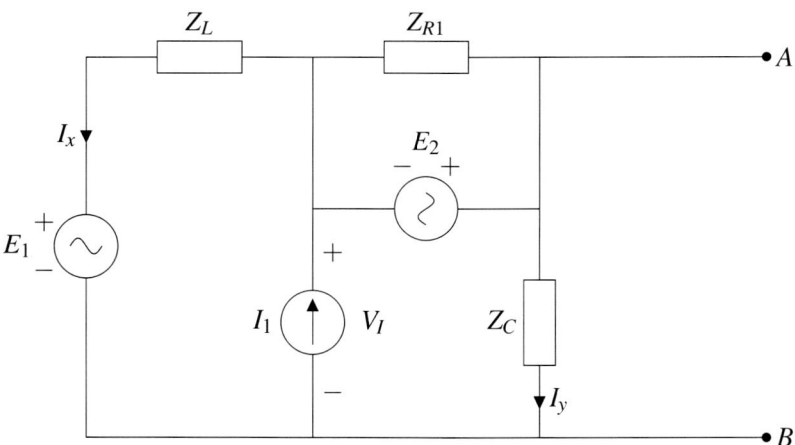

Aplicando la ley de Kirchhoff de las tensiones se obtiene:

$$V_I = I_x Z_L + E_1$$
$$V_I = -E_2 + I_y Z_3$$

Y por otra parte a partir de la ley de Kirchhoff de las corrientes:

$$I_1 = I_x + I_y$$

Resolviendo el sistema de ecuaciones obtenemos la corriente $I_y = 1 - j6$ y por tanto:

$$E_{Th} = I_y Z_C = -6 - j$$

d) El fasor de corriente del equivalente de Norton podemos calcularlo fácilmente a partir de:

$$I_N = \frac{E_{Th}}{Z_{Th}} = -0{,}137 - j0{,}698$$

sabiendo que Z_{Th} es igual a la impedancia equivalente calculada en el apartado b). Los circuitos equivalentes de Thevenin y Norton en el dominio fasorial son:

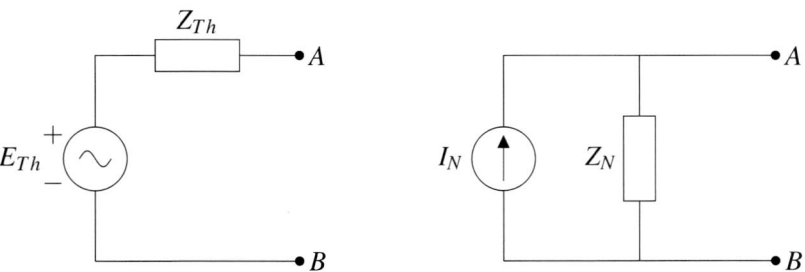

siendo $E_{Th} = -6 - j$, $I_N = -0{,}137 - j0{,}698$ y $Z_{Th} = Z_N = 3 - j8$

e) En primer lugar transformamos el circuito al dominio fasorial:

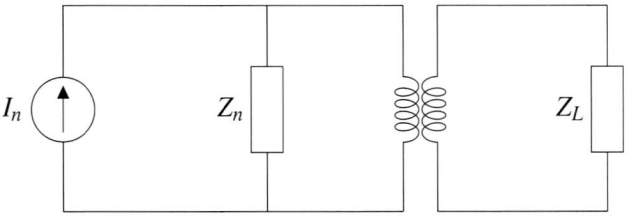

siendo $I_n = -j2$, $Z_n = 8 + j$ y $Z_L = R_L - j\frac{1}{\omega C_L}$ con $\omega = 2\pi f = 2\pi 10^6$.

El circuito de alimentación situada a la izquierda del transformador coincide con el equivalente de Norton. Por tanto, a partir de las expresiones del transformador y el teorema de máxima transferencia de potencia:

$$Z_L = \frac{Z_n^*}{a^2} = \frac{8-j}{4} = 2 - j0{,}25$$

siendo a la relación de transformación del transformador. De esta forma:

$$R_L = 2\,\Omega$$
$$C_L = 0{,}64\,\mu F$$

f) En primer lugar transformamos el generador de corriente a un generador de tensión:

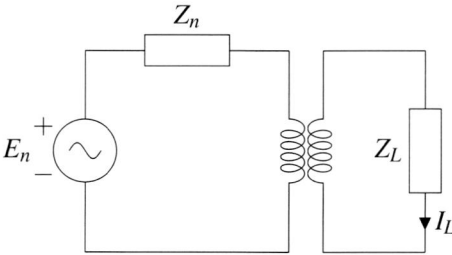

siendo $E_n = 2 - j16$, $Z_n = 8 + j$ y $Z_L = 2 - j0{,}25$. De esta forma resulta más sencillo obtener la corriente que circula por la impedancia de carga a partir de las expresiones del transformador:

$$I_L = \frac{E_n}{\frac{Z_n}{a} + Z_L a} = 0{,}25 - j2 \ A$$

La potencia disipada en la impedancia de carga es:

$$P_L = \frac{1}{2} Re[Z_L]\,|I_L|^2 = 4{,}06 \ W$$

y la potencia reactiva en la impedancia de carga es:

$$Q_L = \frac{1}{2} Im[Z_L]\,|I_L|^2 = -0{,}51 \ VAR$$

Problema 16. Considere el circuito de la siguiente figura.

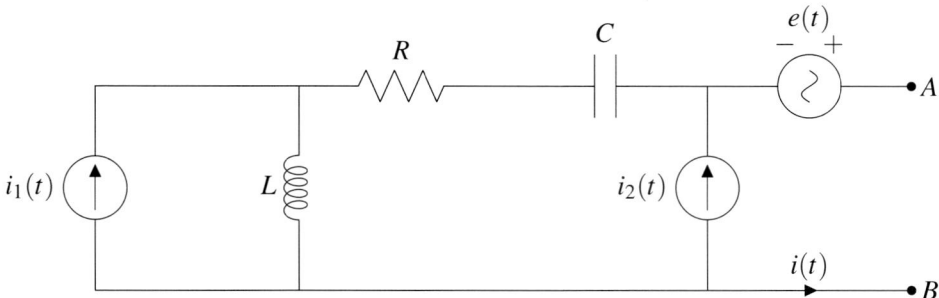

$$R = 2\,\Omega,\ L = 4mH,\ C = 0{,}2mF,$$

$$i_1(t) = 3\operatorname{sen}(1000t + \pi)\text{A},\ e(t) = 2\cos(1000t)\text{V}$$

a) Calcule y dibuje el equivalente de Thevenin cuando la fuente de corriente $i_2(t) = 3\cos(\omega t)$.

b) Calcule y dibuje el equivalente de Thevenin cuando la fuente de corriente es una fuente dependiente de valor $i_2(t) = 3i(t)$ siendo $i(t)$ la corriente indicada en el circuito.

c) Calcule la impedancia de carga que hay que conectar entre los terminales A y B para conseguir máxima transferencia de potencia. Calcule la potencia media, reactiva y aparente en dicha impedancia de carga.

d) Si se conectan los terminales A y B del circuito al terminal primario de un transformador con relación de transformación 2:1, calcule la impedancia de carga que hay que conectar en el terminal secundario del transformador para conseguir máxima transferencia de potencia. Implemente dicha impedancia con el mínimo número de elementos discretos que sea posible, indicando tipo de elemento utilizado y valor (R, L o C).

Solución

a) Como es un problema en régimen permanente sinusoidal, se trabaja en el plano complejo. En primer lugar, calculamos por tanto los fasores correspondientes a las fuentes (referencia coseno) y las impedancias de los elementos discretos, y representamos el circuito en el plano complejo.

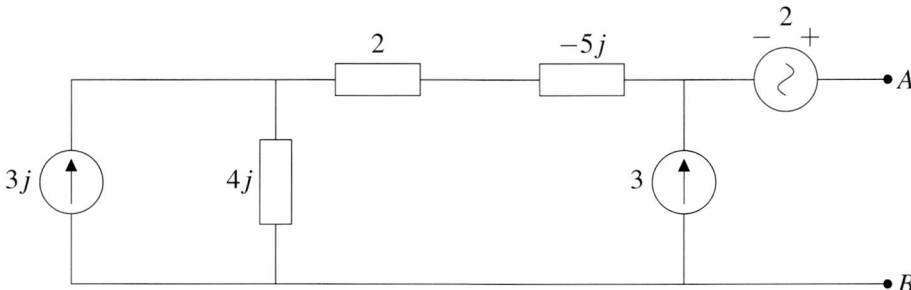

Podemos reducir la complejidad del circuito pasando de dos mallas a una, utilizando equivalencia de fuentes, con lo que el circuito resultante queda:

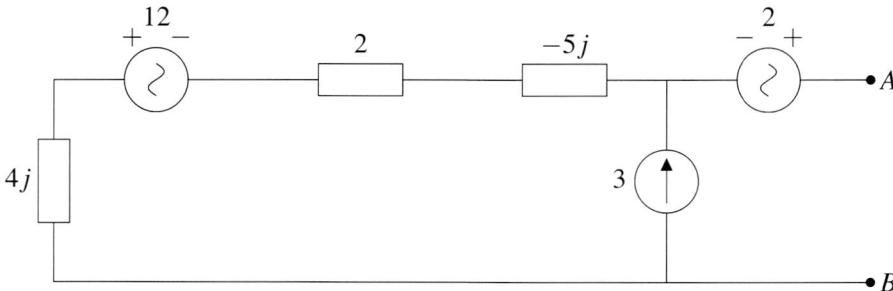

Empezamos calculando la tensión de Thevenin, que es la misma que la tensión que existe entre los terminales A y B.

$$E_{Th} = V_{AB} = 2 + 3 \cdot (2 - 5j) + (-12) + 3 \cdot 4j = -4 - 3j \text{ V}$$

Calculamos ahora la impedancia equivalente. Para ello desconectamos en primer lugar las fuentes independientes, substituyendo las de tensión por cortocircuitos y las de corriente por circuitos abiertos.

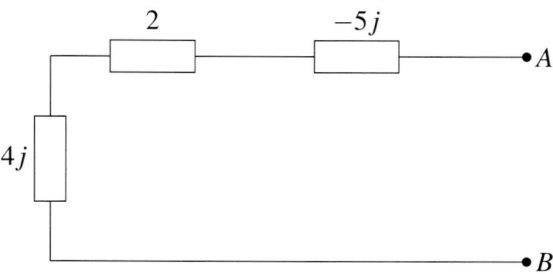

Agrupando impedancias, la impedancia equivalente queda:

$$Z_{Th} = -5j + 2 + 4j = 2 - j \ \Omega$$

Y el equivalente de Thevenin queda finalmente:

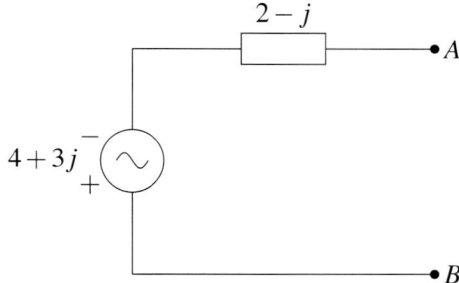

b) En este caso, únicamente cambia la fuente $i_2(t)$ que pasa a ser una fuente dependiente. La representación compleja es ahora:

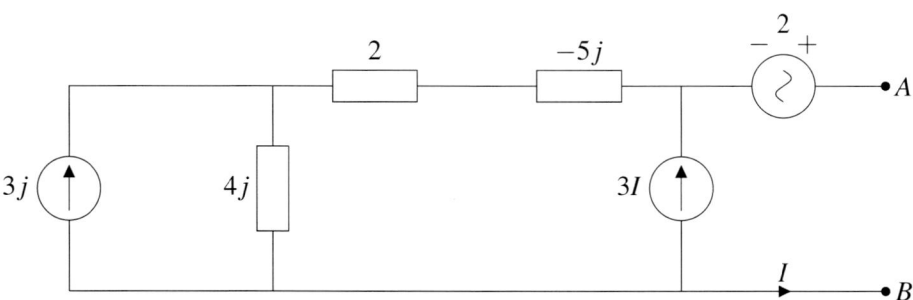

Reducimos la complejidad del circuito de forma análoga al apartado anterior.

Teoría de circuitos eléctricos: problemas resueltos

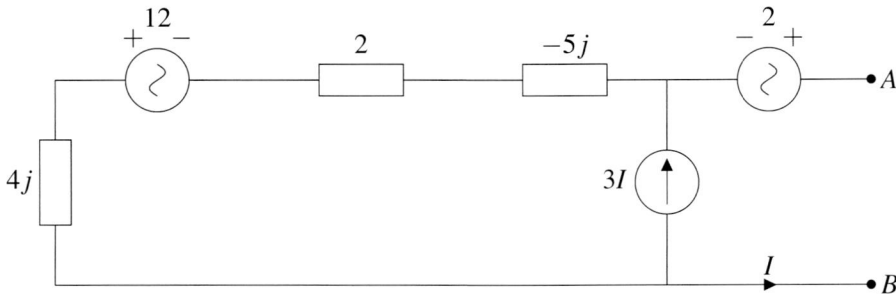

Comenzamos calculando la tensión de Thevenin. Como A y B están en abierto, la corriente $I = 0$, por lo que la fuente de corriente dependiente proporciona una corriente igual a $3I = 0$ y se comporta como un abierto, con lo que el circuito resultante sería en este caso:

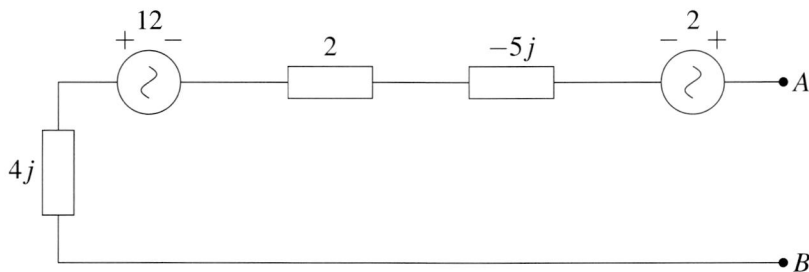

Y la tensión de Thevenin se calcula como:

$$E_{Th} = V_{AB} = 2 - 12 = -10\text{V}$$

Calculamos ahora la impedancia equivalente. Para ello desconectamos de nuevo las fuentes independientes (¡ojo!, únicamente las independientes).

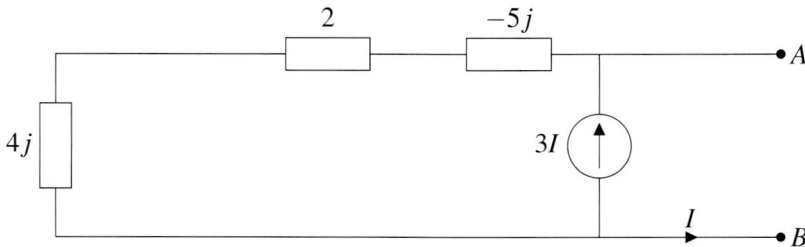

Y conectamos un fuente de tensión externa entre los terminales A y B.

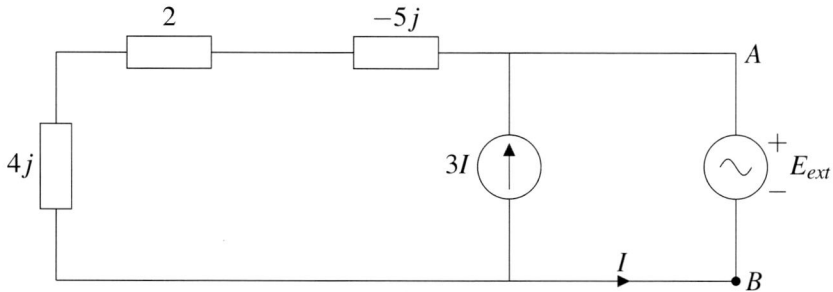

La corriente I se puede calcular a partir de la suma de las corrientes que van por las otras dos ramas como:

$$I = -3I + \frac{E_{ext}}{2-j}$$

De dónde se puede obtener que:

$$E_{ext} = (8-4j)I$$

y por tanto:

$$Z_{Th} = \frac{E_{ext}}{I} = 8-4j\,\Omega$$

De forma que el circuito equivalente de Thevenin queda en este caso de la siguiente forma.

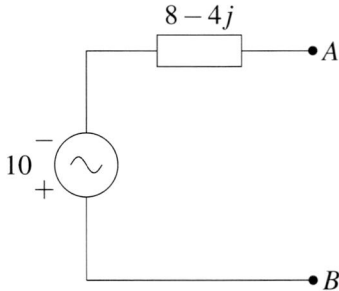

c) Para conseguir máxima transferencia de potencia necesitamos una impedancia de carga que sea la compleja conjugada de la impedancia de Thevenin. Por tanto la impedancia de carga será:

$$Z_L = 8 + 4j\,\Omega$$

Y la corriente que circula por el circuito se podrá calcular como:

$$I_L = \frac{E_{Th}}{Z_{Th} + Z_L} = \frac{-10}{16} = -0{,}625A$$

El módulo al cuadrado de dicha corriente es aproximadamente:

$$|I_L|^2 = 0{,}39$$

Y las potencias que hay que calcular son:

$$P = 1{,}5626 \text{ W}, \, Q = 0{,}7815 \text{ VAR y } S = 1{,}7469 \text{ VA}.$$

d) Detrás del transformador habrá que utilizar una impedancia de carga que viene reducida por un factor a^2. Por tanto la nueva impedancia de carga será:

$$Z_L = 2 + j\,\Omega$$

Y se puede implementar utilizando elementos discretos mediante la asociación en serie de una resistencia de $2\,\Omega$ y una bobina de 1 mH.

Problema 17. Considere el siguiente circuito y calcule:

a) El valor de las impedancias de los elementos reactivos.

b) La magnitud de la corriente que circula por cada uno de los elementos del circuito.

c) La potencia media en cada uno de los elementos indicando si es absorbida o entregada.

d) La comprobación del teorema de conservación de la energía.

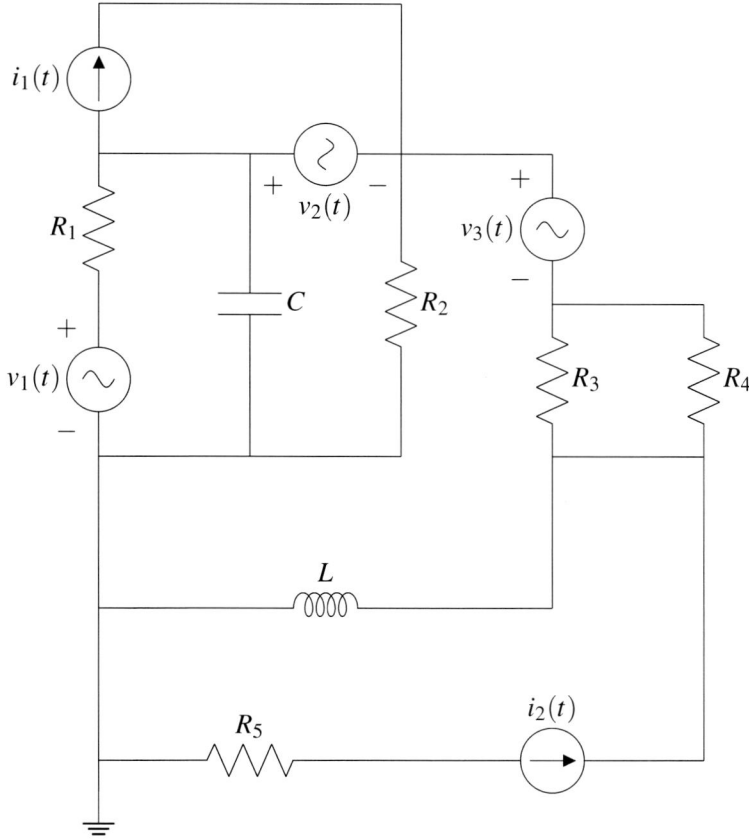

Datos:

$$v_1(t) = 2\cos(10^3 t) \text{ V}, \ v_2(t) = 5\cos(10^3 t) \text{ V}, \ v_3(t) = 3\cos(10^3 t) \text{ V}$$
$$i_1(i) = 3\cos(10^3 t) \text{ A}, \ i_2(t) = 1\cos(10^3 t) \text{ A}$$
$$R_1 = R_2 = R_3 = R_4 = R_5 = 1 \ \Omega$$
$$C = 1 \text{ nF}$$
$$L = 1 \ \mu\text{H}$$

Solución

a) $Z_C = -j10^6 \ \Omega$ y $Z_L = j10^{-3} \ \Omega$.

b) • $I_{v_1} = 3{,}737$ A, $I_{v_2} = 6{,}735$ A, $I_{v_3} = 4{,}486$ A.

   • $I_{R_1} = 3{,}737$ A, $I_{R_2} = 0{,}749$ A, $I_{R_3} = 2{,}243$ A, $I_{R_4} = 2{,}243$ A, $I_{R_5} = 1$ A.

   • $I_C = 5{,}74 \ \mu$A.

   • $I_L = 3{,}488$ A.

c) • $P_{v_1} = 3{,}737$ W (absorbida), $P_{v_2} = -16{,}838$ W (entregada), $P_{v_3} = -6{,}729$ W (entregada).

   • $P_{i_1} = 7{,}5$ W (absorbida), $P_{i_2} = -0{,}5$ W (entregada).

   • $P_{R_1} = 6{,}983$ W, $P_{R_2} = 0{,}281$ W, $P_{R_3} = 2{,}516$ W, $P_{R_4} = 2{,}516$ W, $P_{R_5} = 0{,}5$ W (Todas absorbidas).

   • $I_C = 0$ W.

   • $I_L = 0$ W.

d) $\sum P_k = 0$ W.

Problema 18. Considere el siguiente circuito y calcule:

a) La magnitud de la tensión en cada elemento del circuito.

b) La magnitud de la tensión en los puntos A, B y C.

c) La energía media almacenada por los elementos reactivos.

d) El equivalente de Thevenin y Norton entre el punto A y la toma de tierra.

e) La impedancia que debería tener una antena conectada entre los puntos anteriores para obtener máxima transferencia de potencia.

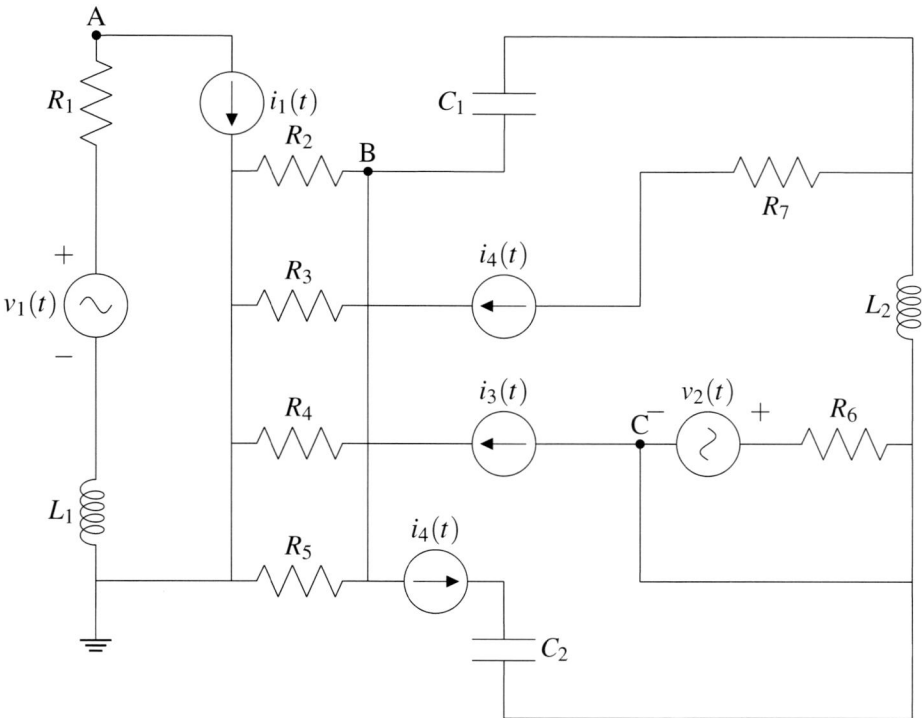

Teoría de circuitos eléctricos: problemas resueltos

Datos:

$$v_1(t) = 2\cos(10^9 t) \text{ V}, \; v_2(t) = 5\cos(10^9 t) \text{ V}$$
$$i_1(i) = 3\cos(10^9 t) \text{ A}, \; i_2(t) = 1\cos(10^9 t) \text{ A}, \; i_3(t) = i_4(t) = 10\cos(10^9 t) \text{ A}$$
$$R_1 = R_2 = R_3 = R_4 = R_5 = 1 \, \Omega$$
$$C_1 = C_2 = 1 \text{ nF}$$
$$L_1 = L_2 = 1 \text{ nH}$$

Solución

a) ▪ $V_{i_1} = 3{,}16$ V, $V_{i_2} = 9$ V, $V_{i_3} = 10$ V, $V_{i_4} = 21{,}47$ V.

    ▪ $V_{R_1} = 3$ V, $V_{R_2} = V_{R_3} = V_{R_4} = V_{R_5} = 0$ V, $V_{R_6} = 5$ V, $V_{R_7} = 10$ V.

    ▪ $V_{C_1} = 1$ V, $V_{C_2} = 19$ V.

    ▪ $V_{L_1} = 3$ V, $V_{L_2} = 9$ V.

b) $V_A = 3{,}16$ V, $V_B = 0$ V, $V_C = 10$ V.

c) ▪ $W_{C_1} = 250$ pJ, $W_{C_2} = 90{,}25$ nJ.

    ▪ $W_{L_1} = 2{,}25$ nJ, $W_{L_2} = 20{,}25$ nJ.

d) $Z_{Th} = 1 + j \, \Omega$, $E_{Th} = 3{,}16 e^{-j0{,}6\pi}$ V.

e) $Z_L = 1 - j \, \Omega$.

Bibliografía complementaria

Boylestad, Robert L. *Introductory Circuit Analysis*. 12th. Pearson New International Edition, 2014.

Carlson, A. Bruce. *Teoría de Circuitos*. Thomson, 2002.

Thomas, Roland E. y Albert J. Rosa. *Circuitos y Señales*. Editorial Reverté, 1991.

Valkenburg, M. E. y B. K. Kinariwala. *Linear Circuits*. Prentice-Hall, 1982.